Raumlehre

für die

unteren Klassen der Gymnasien,
und für Volksschulen.

Von

J. G. Graßmann,
Professor am Gymnasio zu Stettin.

Zweiter Theil.

Ebene räumliche Größenlehre.

Mit 5 Steindrucktafeln.

Berlin, 1824.
Bei G. Reimer.

Vorrede.

Der vorliegende zweite Theil der Raumlehre wurde bereits vor sieben Jahren in der Vorrede zum ersten Theile als bald erscheinend angekündigt. Die geringe Aufmunterung, welche der Verfasser und Verleger von dem größern Publikum erhielt, war zunächst die Ursache der verzögerten Herausgabe dieses zweiten Theils. Unterdeß erweiterten und berichtigten sich manche meiner Ansichten, und das meist fertige Manuscript bedurfte, seinem größten Theile nach, einer völligen Umarbeitung, wobei, wie ich hoffe, das Werk nicht verloren haben wird, wenn auch in manchen weniger wesentlichen Dingen einige Ungleichförmigkeit hineingekommen sein sollte.

Es ist auch in diesem Theile die Gesprächsform in einigen Abschnitten beibehalten. Der ursprüngliche Zweck des Buches, welcher keineswegs aufgegeben ist, schien mir, nach reiflicher Ueberlegung, dieses durchaus zu fordern. Ich will gerne zugestehn, daß die Uebersicht, und die Auffassung für den Leser dadurch erschwert wird; da indeß das Buch einmal den Anspruch macht, neben dem innern Zusammenhange und der Folge und Darstellung der Sätze zugleich die Form des Unterrichts geben zu wollen, so mußte ich jeden, der von dem Buche Gebrauch machen will, in die Nothwendigkeit versetzen, sich wenigstens in einigen Abschnitten mit dieser Form, wie ich sie mir dachte, und wie die Erfahrung sie mir an die Hand gegeben, bekannt zu machen. Findet jemand die hier gegebene Form seiner Eigenthümlichkeit nicht angemessen, so mag er immerhin sich seine eigene Methode wählen; ich hoffe indeß, daß er die hier gewählte auch dann nicht ohne irgend einen Gewinn daraus zu ziehen vergleichen wird; auf jeden Fall wird er dadurch in den Stand gesetzt sein, zu verstehen, wohin manche Andeutungen in den übrigen Abschnitten zielen. Für Lehrer, die, ohne eine eigentlich wissenschaftliche Bildung genossen zu haben, in den Seminarien durch einen Cursus von einigen Jahren für das Lehrfach vorbereitet sind, möchte diese Behandlung einiger Abschnitte besonders nothwendig sein, damit sie für die Methode, nach welcher sie sich des Buchs am besten bedienen, eine Stütze haben, auf die sie von

Zeit zu Zeit zurückgehen können. Der Mathematiker von Profession wird freilich durch diese Behandlung in der Regel von der Lesung des Buchs zurückgeschreckt werden, insbesondere, da von einer Schrift dieser Art eine wissenschaftliche Ausbeute nicht zu erwarten ist, welche die Mühe, sich durch eine so beschwerliche Form hindurch zu arbeiten, einigermaßen belohnen könnte. Diesem Umstande möchte ich, wenn mich die Vorliebe für meine Arbeit nicht trügt, die geringe Beachtung zuschreiben, welche der erste Theil gefunden hat, wenngleich derselbe den nicht geringen Anspruch machte, die ersten Elemente einer bisher von niemand beachteten und also neuen mathematischen Disciplin, der geometrischen Combinationslehre, zu geben, denn was die Pestalozzische Schule unter dem Namen der Formenlehre aufgestellt hat, trägt, meinem Urtheile nach, auf keine Weise einen wissenschaftlichen Charakter, und ist auf ein ganz anderes Ziel gerichtet. Es steht dieser erste Theil freilich sehr vereinzelt da, und kann seine rechte Bedeutung erst durch die Größenlehre, für welche die Combinationslehre eine methodische Vorbereitung ist, erhalten.

Ich würde unter diesen Umständen die Herausgabe des zweiten Theils, wenn nicht ganz ausgesetzt, doch wenigstens weit hinausgeschoben haben, wenn mir nicht von andern Seiten so dringende Aufforderungen zugekommen wären, die ich nicht zurückweisen konnte. Die Verbindungslehre war in der untersten Klasse des Gymnasii, so wie in mehren Stadtschulen der Provinz, und in manchen Privatschulen eingeführt. Die Größenlehre wurde nach dem älteren Manuscripte, welches in einigen, zum Theil ziemlich mangelhaften Abschriften circulirte, gelehrt, und von den Lehrern der dringende Wunsch geäußert, dieselbe vollständig zu besitzen. Die Erfahrung lehrte, daß da, wo der Unterricht von einem tüchtigen Lehrer betrieben wurde, die Lection fast immer die Lieblingsstunde der Kinder wurde, und sie für den weitern geometrischen Unterricht vortrefflich vorbereitete, und so konnte ich mich dem Geschäfte der Bearbeitung und Herausgabe nicht entziehen. Während der Bearbeitung wurde mir die geometrische Combinationslehre von Diesterweg (Elberfeld 1820), die mir bis dahin gänzlich entgangen war, und zugleich dessen Leitfaden für den ersten Unterricht in der Formen- Größen- und räumlichen Verbindungslehre (Elberfeld 1822) bekannt, und trug nicht wenig dazu bei, mich zur Fortsetzung der Arbeit zu ermuntern, indem ich hier den in Anregung gebrachten Gegenstand von Neuem tüchtig bearbeitet, und dadurch, wenigstens als Bildungsmittel für die Jugend, anerkannt fand. Für diese Anerkennung und Aufmunterung bin ich dem mir übrigens gänzlich unbekannten Herrn Verf. vorzugsweise Dank schuldig, wenn ich auch nicht in Abrede stellen will, daß mir sein beifälliges Urtheil sehr angenehm gewesen ist.

Es ist in der That merkwürdig, mit welcher Lebendigkeit und mit wie regem Interesse Kinder die anscheinend trockensten Gegenstände ergreifen, und wie unermüdlich sie selbst in der bloßen Verknüpfung und Auflösung sind. Man hat dieses in Beziehung auf die Zahlenlehre längst erkannt, keineswegs aber in Beziehung auf die Raumlehre. Die meisten Mathematiker und Pädagogen sind vielmehr der Meinung, daß der Unterricht in der Geometrie, wenn er von Erfolg sein solle, eine gewisse Reife des Verstandes voraussetze, und daher für die niedern Schulen, und für die untern Klassen der Gymnasien, so wie überhaupt für Kinder von zartem Alter noch nicht gehöre, und ich halte diese Ansicht für richtig, wenn die Geometrie nach der Euclidischen Methode, d. h. so, daß das logische Moment überall vorwaltet, gelehrt werden soll. Eine zusammenhängende Reihe von Schlüssen gehört nicht für Kinder, und kann von ihnen nicht übersehen werden. Wie deutlich ihnen jedes einzelne Glied einer solchen Kette, und sein Zusammenhang mit dem vorhergehenden sein mag; es fehlt ihnen die Kraft diese Glieder als ein Ganzes anzusehen, und so geht ihnen die Einheit des Beweises, nach welcher die Folgerung in der Voraussetzung als untrennbar erblickt werden soll, und damit die eigentliche Evidenz verloren, wodurch die Geometrie eben anziehend und bildend wird.

Es ist aber, meiner Ueberzeugung nach, keinesweges das logische Moment, was den Mathematiker macht, sondern die Kraft der Construktion, und diese Kraft läßt sich schon im zartesten Alter üben und entwickeln; die geordnete Reflexion aber ist erst eine Sache des reiferen Alters. Die Kinder müssen alles durch Anschauung, und nicht durch den Begriff haben, ja ich möchte behaupten, daß dieses bei jedem Mathematiker, sofern er ein solcher ist, der Fall sein muß. Es bedarf wohl kaum des Zusatzes, daß hier unter Anschauung nicht die äußere sinnliche, sondern die innere, die Anschauung der Thätigkeit des construirenden Geistes oder die Anschauung der innern Construktion gemeint sei. Jene gehört gar nicht für die Mathematik, als sofern sie etwa gebraucht werden kann, die innere Anschauung zu wecken und festzuhalten; sie ist ein unwesentliches, aber oft unentbehrliches methodisches Hülfsmittel, um die innere

Anschauung verständlich mitzutheilen, oft auch um die gewonnenen Resultate für sich zu fixiren, und dem Geiste dadurch, daß er die innerliche Construktion sich äußerlich gegenüberstellt, einen Ruhepunkt zu gewähren und zu sichern, von welchem aus er von Neuem weiter vorschreiten kann. — Auch der geübte Geometer, sagte ich, hat als solcher alles zuerst durch Anschauung. Erst dann, wenn ihn diese zu seinem Ziele geführt hat, trit die Reflexion ein. Er ordnet und knüpft an bekannte Sätze an; aber den Gegenstand selbst, mit seiner vollen geometrischen Evidenz, hat er, wenigstens in der Regel, nicht durch den Begriff, sondern durch die Anschauung.

Es leidet daher wohl keinen Zweifel, daß es von großer Wichtigkeit sei, die Anschauung zu üben, und die Kraft der Construktion zu entwickeln. Es soll aber eben so wenig geleugnet werden, daß auch das logische Moment, die geordnete Reflexion über das Produkt der Construktion, einen hohen Werth habe; ja es kann in einem gewissen Sinne zugegeben werden, daß die erste nie ganz ohne die letztere sein könne. Aber man wird auch zugeben müssen, daß sowohl die eine, als auch das andere in der Darstellung der Geometrie mehr hervortreten könne.

Bei dem ersten Unterrichte in der Geometrie muß nun, meiner Ansicht nach, die

Anschauung vorwalten. Er muß darauf berechnet sein, die geistige Starrheit zu lösen, die Unbehülflichkeit, mit Linien und Formen umzugehn, zu beseitigen, diese vielmehr vor den Augen des Geistes in Thätigkeit zu setzen, gleichsam lebendig zu machen, und stets durchsichtig zu halten für die Seele, kurz die Kraft der Construktion zu wecken, zu entwickeln, zu üben und zu stärken, und es scheint mir allerdings ein Verdienst der Pestalozzischen Schule, dieses auf gewisse Weise in Anregung gebracht zu haben. Dieser Zweck wird nun zum Theil schon durch die geometrische Combinationslehre, bei gehöriger Behandlung, erreicht werden, und darum ist sie, meiner Ueberzeugung nach, das beste Vorbereitungsmittel für die Geometrie, und man wird finden, daß die Kinder an diesen Verknüpfungen eben so große Freude haben, und dabei eben so unermüdlich sind, als beim Zählen und Rechnen.

Es fehlt jedoch der Verbindungslehre noch ein wesentliches Element, nämlich die Größe. Die Kraft der Construktion nun auch in Beziehung auf die Größenverhältnisse zu üben und zu stärken, das macht die eigentliche Hauptaufgabe der räumlichen Größenlehre, wie sie hier gegeben ist, aus. Diese Uebung soll aber keineswegs eine unbestimmte, zwecklos umherschweifende, sondern eine verständige, geordnete, auf ein bestimmtes Ziel gerichtete sein. Die Construktion muß ein Resultat geben, welches sich in einem Lehrsatze darstellt, durch ihn ausgedrückt wird, und die Fähigkeit dieses Resultat in der Construktion zu finden, und es in Worten auszudrücken, macht einen wesentlichen Bestandtheil dieser Uebungen aus.

Dieser Ansicht gemäß, habe ich mich bemüht, die Construktion überall so anzuordnen und zu leiten, daß sich der Lehrsatz daraus unmittelbar ergiebt, d. h. daß er nur als eine Aussage über die angestellte Construktion, als ein Ausdruck dessen erscheint, was sich bei der Construktion unmittelbar vorgefunden hat, und ich möchte diese Methode, freilich in einem andern Sinne, als dieses sonst in der Mathematik üblich ist, die eigentlich synthetische Methode nennen, insbesondre dann, wenn sie es sich zum Gesetze macht, combinatorisch vom Einfachern zum Zusammengesetztern fortzuschreiten.

Da hiernach die einzelnen Sätze nicht sowohl auf Vordersätze gegründet, als vielmehr unmittelbar aus der Construktion hergeleitet, und durch jene unvermittelt in ihrer Wahrheit erkannt werden, so gewährte mir das den Vortheil einer andern Anordnung, welche ich aber doch nicht eine willkührliche genannt wissen möchte. Im Sinne der Euclidischen Geometrie hat man beider systematischen Anordnung hauptsächlich nur darauf zu sehen, daß jeder Satz auf eine Stelle zu stehen kommt, wo er aus den vorhergehenden Sätzen in seiner Wahrheit vollständig erkannt werden könne. Die anderweitige Verwandtschaft der Sätze wird dabei nur auf eine untergeordnete Weise berücksichtigt. Diese Anordnung habe ich nun gänzlich verlassen, und dafür die combinatorische gewählt, weil dabei die Uebersicht außerordentlich erleichtert wird, und die verwandten Sätze näher zusammengebracht werden. Um diesen Zweck ohne Aufopferung der Evidenz zu erreichen, mußte ich die Construktion zu erweitern suchen, und mich von der Beschränkung durch die Euclidischen Postulate dispensiren. Ich fordere demnach ohne weiteres die Halbirung oder jede andre Gleichtheilung irgend einer räumlichen Größe, da es für die Einsicht in die theoretischen Sätze gar nicht auf die wirkliche Ausführung, sondern nur auf die denkbare Möglichkeit, daß eine solche Theilung statt finden könne, ankommt, die bei allen stetigen Größen gar keinem Zweifel unterliegen kann. Eben so fordre ich, eine Linie um einen Punkt in einer Ebene sich schwenken zu lassen, eine Linie, Seite, Ebene, Figur stets gleichlaufend mit sich selbst nach irgend einer Richtung fortzubewegen u. s. w. Dieses Verfahren veranlaßte mich denn auch die praktischen Sätze oder Aufgaben, welche man in den Lehrbüchern der Geometrie findet, hier noch fast überall zurückzulassen. Sie würden einmal den Zusammenhang oft unterbrochen, und dadurch die Uebersicht erschwert haben, und dann glaube ich, daß es bildender für den Schüler ist, wenn er dieselben, nach Beendigung der theoretischen Sätze, selbst aufzulösen sucht. Sie bilden dann gewissermaßen die eine große Aufgabe: wie kann man sich, unterstützt von den erkannten Wahrheiten, des Lineals und des Cirkels (als der Werkzeuge für die Euclidischen Postulate) bedienen, um vorgelegte Constructionen auszuführen, und einzelne Aufgaben zu lösen?

Das System der Geometrie ist nothwendig verwickelter und künstlicher, als das der Arithmetik. Diese construirt nur aus Einem Element, und hat nur Eine Art von Größen, die Zahlgrößen. Die Geometrie als Größenlehre, hat dagegen eine zwiefache Art von Größen, lineare und Winkelgrößen; sie hat ein doppeltes Element, die Länge und die Richtung, Fortschreitung und Schwenkung; sie kann daher unmöglich denselben einfachen Gang nehmen, den die Arithmetik nimmt, da sich diese beiden Elemente nothwendig durchkreuzen müssen, ja sie wird nur dadurch, daß sie ein zwiefaches 'Element hat, eine eigenthümliche Wissenschaft, da sie sonst nur eine Anwendung der allgemeinen Größenlehre auf den Raum sein würde. (Man vergleiche hierüber die Vorübungen, und was S. 78 und in der Anm. 117 gesägt ist). — Aber eben hierdurch scheint doch auch wieder der Gang, den die Geometrie zu nehmen hat, auf eine sichere Weise vorgeschrieben zu sein. Da nämlich durch die geometrische Combination schon eine Menge von räumlichen Verhältnissen und Formen erzeugt sind, so ist dadurch die Möglichkeit gegeben, die Größe der Winkel für sich zu untersuchen, welches hier im ersten Abschnitte geschehen ist. Auf die Größenlehre der Richtung für sich folgt nun die Größenlehre der Länge für sich, welche letztere aber keine bedeutende eigentlich geometrische Entwickelung zu gestatten scheint. Nachdem so die Größenlehre jedes Elements für sich gegeben ist, folgt dann im dritten Abschnitt die Größenlehre beider in ihrer gegenseitigen Abhängigkeit. Dieser dritte Abschnitt zerfällt in zwei große Abtheilungen, je nachdem die gegenseitige Bestimmung nur für eine und dieselbe Figur, oder für mehre Figuren gilt. Das letzte giebt dann die Lehre von der Aehnlichkeit. — Hierauf folgt im vierten Abschnitte die Größenlehre der Flächen, worauf in dem früheren noch gar keine Rücksicht genommen war. — Jede dieser Abtheilungen reicht bis zum Vielecke von unbestimmt vielen Seiten, und berührt so gewissermaßen den Kreis, welcher nun, gleichsam die Kuppel, die von jenen Säulen getragen wird, deren Substruktionen wiederum in der Combinationslehre gelegt sind, im fünften Abschnitte die Planimetrie schließt.

Was wahrhaft bildend wirken soll, muß selbst ein Gebildetes sein, und als solches von dem Lehrlinge erkannt werden können; nur dadurch gewinnt es innere Haltung, gewährt es Befriedigung, weckt und nährt es Interesse. Hierzu ist aber in der Geometrie nicht hinreichend, daß jede Construktion auf einen Lehrsatz führt, sondern es muß wieder jede Complexion von Lehrsätzen, jeder Abschnitt als ein Geordnetes, Begrenztes erscheinen, was zwar eine weitere Entwickelung, die immerhin angedeutet sein mag, gestattet, aber innerhalb dieser keinesweges ganz willkührlichen Begrenzung ein vollständiges Ganzes bildet. Und so muß denn auch die Totalität der Sätze als ein mit Absicht und Verstand gebildetes, als ein Ganzes erscheinen. Es muß nicht bloß gegliedert sein, sondern diese Glieder müssen einen Körper bilden, wo in der Totalansicht ein jedes Glied an seiner rechten Stelle ist, und keins fehlen darf, ohne das Ganze als verstümmelt erscheinen zu lassen. Es ist nicht das Wissen des Einzelnen, was eine Wissenschaft bildend macht, dieses Wissen muß vielmehr dadurch auf eine höhere Stufe gehoben, zu einem höhern Wissen veredelt oder potenzirt werden, daß es in sich organisch gegliedert ist, und in sofern sollte ein jedes wissenschaftliche Lehrgebäude, ja selbst jedes wissenschaftliche Elementarbuch, etwas einem Kunstwerke analoges haben.

Was aber die Idee in seiner Vollendung fordert, davon kann die Erscheinuug nur eine unvollkommene Annäherung geben, und ein Lehrbuch hat das Seinige geleistet, wenn es diese giebt; aber man ist auch berechtigt, dieses von ihm zu fordern, wenn die Idee an sich wahr und nicht abzuweisen ist. Daß mir eine solche Idee bei der Arbeit vorgeschwebt habe, darf ich wohl ohne Anmaßung versichern, wenn gleich ich sehr wohl weiß, wie weit ich in der Ausführung hinter derselben zurückgeblieben bin. Nichtberücksichtigung derselben aber ist es, was meinem Urtheile nach, eine Menge von sogenannten methodischen neuern Lehrbüchern ganz unbrauchbar macht. Sie machen zum Theil einen guten Anfang, aber sie gehen bald auseinander, und zerflattern endlich wie Spreu in der Luft, ohne je eine bestimmte, abgerundete, gesunde Gestalt erhalten zu haben.

Die Grenzen, welche ich mir hier gesetzt habe, sind die der sogenannten Elementargeometrie in dem Umfange wie sie ge-

gewöhnlich in den Compendien gelehrt wird Diese Grenzen sind freilich keine durch einen scharfen Begriff bestimmbaren, und es bleibt daher in der Ausdehnung derselben manches willkührlich; ja auch innerhalb derselben läßt sich eine größere und geringere Menge von Sätzen aufstellen; dessen ungeachtet wird man wohl nicht leugnen, daß gerade das Aggregat von Sätzen, was wir in den meisten Lehrbüchern antreffen, im Allgemeinen sehr schicklich gewählt, und sehr wohl geeignet ist, zu einem für sich bestehenden, und auf gewisse Weise vollständigen Ganzen verarbeitet zu werden. Ich habe daher diese Grenzen zwar nicht ängstlich, aber doch ohne bedeutende Veränderungen beibehalten, und mich nirgend beengt oder gezwängt gefühlt. Nur allein der Pythagoräische Lehrsatz macht hiervon eine Ausnahme, den ich daher als einen Anhang zum vierten Abschnitt aufgestellt habe.

Ich habe schon oben bemerkt, daß ich bei Anordnung der Sätze nicht allein darauf gesehen, wie jeder Satz aus den ihm vorhergehenden am leichtesten und vollständigsten hergeleitet werden könne. Wenn die hier gewählte Anordnung nun auf Kosten der Evidenz, und mit Aufopferung derselben zu Stande gebracht wäre, so würde sie freilich eben dadurch als nichtig erscheinen, denn die Geometrie würde dadurch ihren

Hauptcharakter verlieren, und keinesweges mehr als ein Bildungsmittel angesehen werden können. Es muß hierüber allerdings das Buch selbst die beste Auskunft geben, indeß erlaube ich mir noch einiges, diesen Gegenstand betreffend, zu bemerken.

Man kann die Euclidischen Elemente als eine Auflösung der Aufgabe ansehen: wie können die geometrischen Sätze aus den wenigsten für sich evidenten Vordersätzen (Axiomen) vollständig und consequent hergeleitet werden. Diese Aufgabe ist von ihm in seinen Elementen mit einem nie genug zu bewundernden Scharfsinne gelös't worden, dadurch behalten sie ihren Werth für alle Zeiten, und sind classisch für die Geometrie. Aus demselben Grunde, aus welchem man die studirende Jugend zu den vorzugsweise sogenannten Classikern führt, aus demselben wird man sie auch zur Euclidischen Geometrie führen müssen. Aber hieraus scheint keinesweges zu folgen, daß man mit den Euclidischen Elementen auch den Anfang machen müsse. Die Euclidische Geometrie, wie sie sich im Gegensatze gegen die Sophistik und Skepsis seines Zeitalters gestaltete, ist mehr für Männer als für Kinder. Sie fordert einen gereiften Verstand, um die Gründe der Anordnung zu übersehen, und die Folge der Sätze bis zu den Grundsätzen hinab, worauf ein Beweis gegründet ist, so mit einem Blicke zu überschauen, so in eine Einheit zu vereinigen, daß der vorliegende Satz im Grundsatze selbst erkannt wird, und doch ist sie nur dadurch recht bildend. Sie scheint mir daher nothwendig eine anderweitige Bekanntschaft mit den Hauptwahrheiten der Geometrie vorauszusetzen, damit die Aufmerksamkeit nicht zu sehr zerstreut werde, und diese Bekanntschaft zu geben, so zu geben und sie so zu begründen, wie der kindliche Verstand es fassen kann, und wie es für ihn am klarsten ist; sie in einer Ordnung zu geben, die nicht nur leicht übersichtlich ist, sondern welche jedes Kind combinatorisch selbst erzeugen kann, das ist hier eigentlich die Absicht. Es ist daher die Rücksicht auf die Evidenz hierbei so wenig aus den Augen gesetzt, daß diese Behandlung gerade deswegen gewählt wurde, um die größte relative Evidenz hervorzubringen, welche bei Kindern aber nicht durch eine Reihe von Schlüssen, und durch allgemeine Grundsätze, die sie eben am schwersten verstehen, sondern nur durch Begründung auf die Construktion, und auf die geordnete innere Anschauung zu erreichen steht.

Ich habe indeß während der Arbeit die Ueberzeugung gewonnen, daß sich die geometrischen Sätze in der hier gewählten Ordnung, vielleicht mit einigen wenigen Ausnahmen, eben so vollständig, und eben so consequent beweisen lassen, als im Euclideschen System, urd ich habe diese Beweise, ungeachtet die Sätze eigentlich immer auf die Construction, in dem oben angegebenen Sinne, gegründet sind, größtentheils hinzugefügt, es dem Lehrer überlassend, davon bei der Wiederholung, oder bei einem zweiten Cursus, oder irgend andern begünstigenden Umständen Gebrauch zu machen oder nicht. — Es kommt hierbei vorzüglich auf die Frage an, ob nach einer strengen Methode die Lehre von den Parallelen vor den Sätzen von der Congruenz der Dreiecke abgehandelt werden könne. Diese Frage glaube ich aber bejahend beantworten zu müssen. — Die Theorie der Parallelen, in dem gebräuchlichen Sinne genommen, macht sich, meiner Ansicht nach, eigentlich die Aufgabe, die beiden Elemente der Geometrie, Länge und Richtung (Fortschreitung und Schwenkung) zu verschmelzen, nämlich die Richtung durch die Länge bestimmen zu wollen. — Nun läßt sich wohl nicht die Unmöglichkeit der Lösung dieser Aufgabe nachweisen, indeß läßt sich so viel übersehen, daß sie nur auf eine künstliche, eine systematische Anordnung vielfach durchkreuzende und dadurch verwirrende Weise wird zu Stande kommen können. Auch hat von den vielfachen Versuchen bisher keiner den Geometern völlig Genüge geleistet. Es scheint mir daher am besten, diesen Weg, sofern von einer systematischen Anordnung die Rede ist, gänzlich aufzugeben, und die Lehre von den Parallelen unmittelbar auf den Begriff der Richtung zu gründen, womit freilich der Gordische Knoten nicht gelös't, sondern zerhauen ist.

Die Geometrie setzt den Begriff der Richtung als einen Grundbegriff nothwendig voraus, denn er liegt dem Begriffe der geraden Linie, als derjenigen, welche überall gleiche Richtung hat, zum Grunde. Nun kann man aber von der Richtung keine Vorstellung haben, wenn man nicht zugleich die Vorstellung der gleichen und ungleichen Richtung hat. Auch die letztere setzt jede Geometrie voraus, denn darauf beruht die Vorstellung der Winkelgröße. Es ist daher kaum abzusehen, warum der Begriff der gleichen Richtung abgewiesen werden sollte. — Nehmen wir also an: Parallele Linien sind Linien, welche gleiche Richtung haben, und setzen wir, Kürze halber, immer voraus daß nur von Linien in Einer Ebene die Rede sei. Hieraus folgt sogleich, daß sich parallele Linien nirgend durchschneiden können, denn durchschnitten sie sich, so offenbarte sich dadurch sogleich, wenn man ihre Richtung von dem Durchschnittspunkte aus betrachtet, daß sie nicht gleich gerichtet sein können. Es folgt aber die Inverse noch nicht, daß Linien, welche sich nicht durchschneiden, gleiche Richtung haben müssen; die Euclidische Definition läßt sich aus dieser also nicht unmittelbar ableiten.

Verweilen wir hier noch einen Augenblick, um die Frage aufzustellen, ob der Geometer nicht eben sowohl ein Kennzeichen für die Gleichheit der Länge, als für die Gleichheit der Richtung aufstellen müsse. Er würde uns vermuthlich antworten: eines solchen Kennzeichens bedarf es nicht weiter, denn wenn ich die eine Linie abhebe, und sie, ohne ihre Länge zu verändern, auf die andre lege, so giebt mir die Deckung beider Linien das geforderte Kennzeichen unmittelbar. Hierauf würden wir nun erwiedern: gerade so verhält sichs auch mit der Gleichheit der Richtung zweier Linien, denn wenn ich die eine Linie abhebe, und sie, ohne ihre Richtung zu verändern, auf die andre lege, so wird mir die Deckung beider Linien das geforderte Kennzeichen eben so gut geben. — Daß übrigens gegen alle Beweise, welche ein Aufeinanderlegen fordern, sich das einwenden läßt, daß sie von der innern Construktion abziehen, und dieselbe als äußerlich fixirt, die Linie oder Figur als äußerlich dargestellt betrachten, möge hier beiläufig bemerkt werden.

Wir kehren zur Lehre von den Parallelen zurück, und stellen die beiden Sätze auf:

1) wenn zwei Linien gleich gerichtet

sind, so müssen sie von einer und derselben dritten in ihrer Richtung gleichviel abweichen.

2) Wenn zwei Linien von einer und derselben dritten in ihrer Richtung gleichviel abweichen, so sind sie gleich gerichtet. *)

Beide Sätze müssen als Grundsätze betrachtet werden, und sind dem dritten und zweiten Axiom Euclids analog, wenn man dieselben so ausdrückt:

a) Wenn zwei Größen gleich sind, so müssen ihre Unterschiede von einer und derselben dritten gleich sein.

b) Wenn die Unterschiede zweier Größen von einer und derselben dritten gleich sind, so müssen die Größen selbst gleich sein.

Die aufgestellten Sätze über die Parallelen lassen sich nicht unter diese subsumiren, denn die Richtung an sich ist keine Größe, aber sie beziehen sich auf gleiche Weise auf die Richtung, wie jene, im geometrischen Sinne, auf die Länge, und sind, in einer geordneten Anschauung eben so klar als jene. Nimmt man nun statt des 11ten Euclidischen Axioms diese beiden auf, so kann man die Lehre von den Pa,

---

*) Es versteht sich, daß die Abweichungen in der Richtung, d. h. die Winkel, nach derselben Seite genommen werden müssen. Der Satz ließe sich bestimmter ausdrücken, wenn man sich statt der Linien der Strahlen bediente.

rallelen gleich auf ihre rechte Stelle bringen, und hat damit für die systematische Anordnung außerordentlich viel gewonnen. Daß ich hier diesen Weg eingeschlagen, läßt sich, glaube ich, vollkommen rechtfertigen, aber ich möchte von Mathematikern gern anerkannt sehen, daß diese Behandlung der Parallelen auch bei einer strengern Methode zulässig sei. *) Mit dem zu befürchtenden Mißverständniß, als ob gleichgerichtete Linien gegen einen und denselben Punkt gerichtete wären, hat es, wie mir scheint, nicht eben mehr zu sagen, als wenn jemand die gerade Linie der schiefen etwa entgegensetzen wollte. — Was endlich die oben berührte Inverse betrifft, wenn nämlich aus andern Gründen bekannt wäre, daß zwei Linien in Einer Ebene sich nie-

---

*) Es ist mir höchst erfreulich gewesen, in diesen Ansichten, welche bereits meiner Verbindungslehre zum Grunde liegen, mit meinem hochverehrten Freunde, dem Herrn Professor E. G. Fischer in Berlin, gänzlich zusammenzutreffen. Ich habe das, was derselbe in den Anmerkungen zum ersten Theil seines trefflichen Lehrbuchs der Elementarmathematik (Berlin 1820). S. 74. u. f. sagt, erst nachdem ich das Obige niedergeschrieben, verglichen, und war fast entschlossen es zu streichen, um nicht der Compilation oder der Aneignung fremden Eigenthums verdächtig zu sein, so groß fand ich die Uebereinstimmung nicht nur der Ansichten, sondern sogar des Ausdrucks. Indeß ist der Gegenstand keinesweges so allgemein anerkannt, daß es nicht von Nutzen sein könnte ihn hier zu wiederholen. Segners Geometrie ist mir nicht zur Hand, um zu vergleichen, wie weit er diese Ansicht schon ausgebildet hat, und wie er die Theorie der Parallelen darnach behandelt.

mals durchschnitten, so wird von derselben, soviel ich mich erinnere, erst in der Stereometrie Gebrauch gemacht, und bis dahin findet sich hinreichende Gelegenheit dieselbe zu erweisen. — Uebrigens kann ich nicht umhin, hier einer gewissen Analogie zwischen der Theorie der Parallelen und der Proportionslehre zu erwähnen, die mir oft aufgefallen ist, ohne daß ich im Stande gewesen wäre, den eigentlichen Grund davon aufzufinden.

Die Herleitung der geometrischen Sätze aus der Construktion, oder, wenn man lieber will, ihre Begründung auf die innere Anschauung, ist, wie ich glaube, noch einer großen Ausbildung fähig, und wird dadurch an Evidenz immer mehr gewinnen. Was hier davon gegeben ist, sehe ich nur als einen schwachen Anfang an, der eben darum der Stütze der Demonstration aus frühern Sätzen nicht ganz entbehren konnte. — Man suche nur seine bisherige Geometrie für einen Augenblick ganz zu vergessen, und frage sich, woher übersiehst du die Wahrheit eines Satzes unmittelbar? Man wird finden, daß es nicht durch die Reihe von Schlüssen ist, auf die ihn die gewöhnliche Geometrie gründet, sondern daß man ihn in den meisten Fällen durch eine einfache Construktion viel näher haben kann. Diese Construktion ist es nun, worauf man ihn bei den Kindern gründen muß, wenn man die ihnen zugängliche Evidenz hervorbringen will. Nur bei zwei Sätzen hat mir dieses nicht gelingen wollen, nämlich bei dem Pythagoräischen Lehrsatze, und bei dem Archimedischen über das Verhältniß der Kugel zum umschriebenen Cylinder im Anhange aus der Stereometrie.

Die Lehre von der Aehnlichkeit der Figuren nöthigte mich einiges aus der Lehre von den Proportionen mit aufzunehmen, was für Kinder, wie ich sie hier voraussetze, in der That keine leichte Aufgabe ist, wenn man dabei die Absicht hat, alle Beweise so zu führen, daß der zu erweisende Satz ohne alle Zwischensätze in seiner vollen Wahrheit erscheinen soll. Dieses, und die beabsichtigten Uebungen, gaben mir Veranlassung in einem besondern Abschnitte einige Anwendungen der allgemeinen Größenlehre auf räumliche Gegenstände als Vorübungen vorauszuschicken, an welche sich das Nothwendigste aus der Proportionslehre bequem anschloß. Durch Einführung der neuen Kunstausdrücke gleichzahlig und gleichmaaßig, und der daran geknüpften Begriffe, glaube ich meinen Zweck ziemlich erreicht zu haben. Die Zusammensetzung der Verhältnisse konnte aber nicht eher als im vierten Abschnitt gelehrt werden, und ich erlaube mir hier noch auf den dort aufgestellten Begriff des geometrischen Produkts und der geometrischen

Multiplikation aufmerksam zu machen. — Diese Vorübungen haben zugleich die Absicht, Gelegenheit zu geben, um die ersten Begriffe von den Brüchen daran zu entwickeln, und die Bruchrechnungen dadurch vorzubereiten und einzuleiten. Der Lehrer wird sich daher so einrichten müssen, daß die Kinder gleichzeitig mit der Verbindungslehre und den Rechnungsarten in ganzen Zahlen fertig werden, und also die Greßenlehre, und die Lehre von den Brüchen wiederum gleichzeitig anfangen. Es ist hierbei ein vortheilhafter Umstand, und keinesweges ohne tiefere Bedeutung, daß die sämmtlichen Complexionszahlen, die in der räumlichen Verbindungslehre vorkommen, nothwendig ganze Zahlen sind, so daß die allgemeine Form einer Complexionszahl zugleich immer eine Form ganzer Zahlen sein muß. Jede Division geht daher auf, und man hat nirgend mit einem Bruche zu thun.

Die Lehre von den Brüchen gehört aber hier recht eigentlich her, denn der Bruch setzt voraus, daß die Einheit eine in aller Rücksicht theilbare, folglich eine stetige Größe sei. Dieses liegt aber schlechterdings nicht im Begriffe der Einheit, welche im rein arithmetischen Sinne als das absolut Einfache, wie der Punct in der Geometrie, betrachtet werden muß, von dem alle Bildung beginnt, und der daher selbst nicht als ein schon Gebildetes oder Zusammengesetztes betrachtet werden darf. Ist die Einheit bei einer benannten Zahl eine theilbare Größe, so ist das ein Umstand, der der Arithmetik nicht mehr eigentlich angehört. Sie setzt ihn auch keinesweges voraus, denn ich kann ja von 3 Individuen, 3 Präpositionen, 3 geometrischen Punkten u. s. w. sprechen. Nun hindert allerdings nichts, unter der Einheit auch eine theilbare Größe zu verstehen, sei dieses nun eine Raum- oder Zeitgröße, oder auch eine intensive Größe, — man trit damit selbst noch nicht aus dem Gebiete des reinen Verstandes heraus, da wir solche Größen auch innerlich construiren können, und dazu keinesweges der Erfahrung in der äußern Anschauung bedürfen, die Arithmetik könnte dabei also noch immer reine Arithmetik bleiben, aber auf der andern Seite ist doch auch das klar, daß man dadurch etwas der Arithmetik eigentlich Fremdartiges in dieselbe hineinbringt.

Ich glaube daher, daß eine genaue Methode — sowohl die Methode für den Unterricht, als die Methode für die Wissenschaft — nothwendig fordert, die reine Arithmetik zu trennen in die gesonderte, oder die Arithmetik ganzer Zahlen, welche die Einheit als das schlechthin Gegebene, als das Unüberwindliche, das arithmetische Atom betrachtet, und in die vermischte reine Arithmetik, welche die Einheit als eine stetige Größe, als theilbar in jeder Hinsicht ansieht. Hier können dann die Brüche, die negativen und irrationalen Zahlen erst vorkommen. — Unter den stetigen Größen sind aber die räumlichen diejenigen, an denen sich eine solche Entwickelung durchaus am bequemsten vornehmen läßt, und daher muß die räumliche Größenlehre, und die Lehre von den Brüchen, da die eine ohne die andre nicht bestehen kann, in einem geordneten Bildungsgange hier gleichzeitig eintreten. — Daß in dem Obigen unter der Arithmetik immer nur die Zahlenlehre verstanden ist, hat man wohl sogleich bemerkt.

Wo ich von diesem Buche Gebrauch gemacht zu sehen wünsche, deutet der Titel schon an. In den Gymnasien ist es für die unterste Bildungsstufe bestimmt, wo ein Gymnasium 6 Klassen hat, für Quinta und Sexta. Hier dient es als Vorbereitung für einen streng methodischen Unterricht in der Geometrie, welcher auf der mittleren Bildungsstufe (in Quarta und Tertia) eintrit. — Man fürchte nicht, daß die Schüler dadurch, daß ihnen die meisten geometrischen Sätze nun schon bekannt sind, dagegen gleichgültig geworden sein sollten; im Gegentheile wird man finden, daß sie überall wo der Unterricht von einem tüchtigen Lehrer betrieben worden, ein höchst lebendiges Interesse für die Geometrie gewonnen haben, und für den Unterricht nach einer strengen Methode nun erst aufgeschlossen sind. Der Lehrer wird nun keine Schwierigkeiten finden, den so vorbereiteten Schülern bei ihrem Eintrit in die mittlern Klassen die Axiome und Postulate deutlich zu machen. Er sagt ihnen sodann, daß von nun an kein Satz als gültig erkannt werden solle, der sich nicht durch strenge Schlüsse auf einen der Grundsätze zurückführen lasse, und daß eben so keine Construktion für ausführbar gelten solle, wenn sich nicht durch unabweisbare Schlüsse zeigen lasse, wie sie mittelst der Postulate zu Stande gebracht werden könne. So gebe er nun dem Unterrichte den Charakter der Prüfung und Sichtung, wodurch derselbe nicht nur einen neuen Reiz erhalten, sondern auch in seiner strengen Consequenz höchst bildend für den Verstand sein wird.

Außer den Gymnasien, als den gelehrten Schulen, ist das Buch zugleich für Volksschulen bestimmt, und jede Schule, die aus mehren Klassen besteht, kann von demselben Gebrauch machen. Wo freilich nur eine Klasse ist, in welcher Kinder vom 5ten bis 14ten Jahre, da sie gemeinhin die Schule verlassen, in allen Kenntnissen, die ihnen diese Schule geben kann, von Einem Lehrer unterrichtet werden, da möchte es bedenklich sein, seine Zeit und Aufmerksamkeit noch mehr zu theilen, als es bei so ungleichartigen Kindern ohnehin schon geschieht, so wünschenswerth und nützlich ihnen übrigens ein Unterricht in der Geometrie seyn möchte. Aber in den kleinern Stadtschulen, und in den mittlern Klassen höherer Bürgerschulen, so wie in solchen Privatschulen, die entweder aus mehren Klassen bestehen, oder uur solche Kinder aufnehmen, die schon über die ersten Elemente hinaus sind, würde er seine rechte Stelle finden. Die höhern Bürgerschulen würden ohne Bedenken die Stereometrie, Trigonometrie, und was sie etwa sonst noch an mathematischen Disciplinen folgen lassen wollen, in ihren obern Klassen an die Planimetrie, wie sie hier gegeben ist, anschliessen können, wobei denn vorausgesetzt wird, daß der Lehrer die hier gegebenen strengeren Beweise nicht übergeht. — Die übrigen Schulen würden diejenigen ihrer Zöglinge, welche sich keine höhere wissenschaftliche Ausbildung verschaffen können, mit den hier mitgetheilten geometrischen Kenntnissen ausgestattet, ins Leben entlassen können, und ich möchte behaupten, daß sie von einer auf Construktion und Anschauung gegründeten Geometrie für alle praktischen Zwecke größern Gewinn ziehen werden, als wenn sie nach einer strengen Methode in der Geometrie unterrichtet worden wären, ja daß sie für ein tieferes Eindringen in die geometrischen Wahrheiten, und für eigene innere Entwickelung derselben, wie sie für praktische Zwecke oft erforderlich ist, vorzüglich aufgeschlossen sein werden. — Zum Handeln genügen Anschauungen, zum Raisonniren aber gehören Begriffe.

Daß das Buch nur für den Lehrer und nicht für den Schüler bestimmt sei, ergiebt der erste Anblick. Ich denke indeß ein kleines Handbuch für Schüler folgen zu lassen, welches auf einigen Bogen die wichtigsten Lehrsätze, und dann die hier absichtlich zurückgelassenen praktischen Sätze oder Ausgaben mit beständiger Beziehung auf das Lehrbuch enthalten soll. Von den hier und da eingeführten deutschen Kunstausdrücken wünschte ich, daß sie Beifall finden möchten. Sie scheinen überhaupt nothwendig, wenn man eine Gattung von Kenntnissen unter das Volk bringen will.

Möchte es mir so gelingen, einen Unterrichtszweig zu fördern, von dessen unbeschreiblich großem Einfluß sowohl auf die Bildung eines Volkes, als auch auf die Beförderung einer geordneten und tüchtigen Industrie ich aufs lebhafteste überzeugt bin. — Die Menge der Druckfehler wird meine Entfernung vom Druckorte entschuldigen. Ich habe die wichtigsten derselben angezeigt, und bitte vor dem Lesen dieselben gütigst zu berichtigen.

Stettin den 20sten Juli 1824.

Vorübungen.

Anwendung der Verknüpfungen der allgemeinen Größenlehre auf räumliche Gegenstände.

Die Kinder sitzen gehörig geordnet vor dem Lehrer; jedes Kind hat Schiefertafel und Griffel vor sich; alles unnütze Geräusch, wozu auch das unzeitige Kritzeln mit dem Griffel auf der Tafel gehört, muß vermieden werden.

1.
Größe der Striche.

Lehrer. Zeichnet jeder einen geraden Strich. — R. — W. — Kr. t. (Ruhe, Wink, Kinder thun.)

L. Könnt ihr den Strich, welchen ihr gezeichnet habt, wohl verlängern? — R. — W. — K. a. (Kinder antworten.)

L. Verlängert den Strich, welchen ihr gezeichnet habt. R. — W. — Kr. t.

L. Ist der Strich dadurch, daß ihr ihn verlängert habt, größer oder kleiner geworden? R. — W. — Kr. a.

Kr. Der Strich ist dadurch, daß wir ihn verlängert haben, größer geworden.

L. Könnt ihr den Strich, welchen ihr gezeichnet habt, aber auch verkürzen? R. — W. — Kr. a.

L. Verkürzt den Strich, welchen ihr gezeichnet habt. R. — W. — Kr. t.

L. Wie hat sich der Strich dadurch, daß ihr ihn verkürzt habt, in Ansehung seiner Größe verändert? R. — W. — Kr. a.

Kr. Der Strich ist dadurch, daß wir ihn verkürzt haben, kleiner geworden.

L. Könnt ihr den Strich auch größer machen, ohne ihn zu verlängern? R. — N.

(Der Lehrer fordert einzelne Kinder bei ihren Namen auf, sich darüber zu erklären:) Sollten die Kinder der Meinung sein, daß man den Strich auch dadurch vergrößern könne, daß man ihn breiter oder dicker macht, so erinnere sie der Lehrer daran, daß der Strich hier nur das Zeichen einer Linie sei, welches nur so viel Breite und Dicke haben solle, als nöthig sei, um dem Auge sichtbar zu sein, und daß man dabei an die Breite und Dicke gar nicht denken, sondern sich blos eine gewisse Länge dabei vorstellen müsse. (Räuml. Verbindungslehre S. 47).

L. Könnt ihr den Strich kleiner machen, ohne ihn zu verkürzen? R. — W. — Kr. a.

L. Wodurch kann ein Strich also allein größer werden? R. — W. — Kr. a.

L. Wodurch kann er allein verkleinert werden? R. — W. — Kr. a.

Der Lehrer muß darauf halten, daß die Kinder alles, was sie zeichnen, so genau als möglich machen, damit diese Uebungen zugleich als Uebungen des Augenmaaßes und als Vorübungen zum Zeichnen dienen.

2.

Addiren der Striche.

L. Zeichnet jetzt 2 gerade Striche unter einander, und macht den obern länger als den untern. R. — W. — Kr. t. (F. 1.)

L. Welches ist nun der größere? R. — W. — Kr. a.

L. Wenn man den kleinen Strich von der Tafel abheben könnte, könnte man ihn dann wohl so an den andern ansetzen, daß beide zusammen einen geraden Strich bildeten? R. — N.

L. Wie groß würde nun dieser Strich sein? R. — N.

Kr. Er würde so groß sein, als die beiden Striche zusammengenommen.

L. Zeichnet jetzt einen Strich, welcher so groß ist, als der obere. Kr. t. (F. 1.)

L. Verlängert denselben so viel, als der untere beträgt. — Kr. t.

L. Was könnt ihr nun wohl sagen, wie groß ist der jetzt gezeichnete Strich in Vergleich mit den beiden ersten? R. — W. — Kr. a.

Kr. Der Strich ist so groß als die beiden ersten zusammengenommen.

L. Man nennt ihn deshalb das Gesammt, oder die Summe der beiden ersten Striche; die letzteren aber nennt man die Posten, oder die Stücke, oder die Glieder dieser Summe.

L. Könnt ihr mir nun wohl das, was ihr so eben gelernt habt, im Zusammenhange wiederholen? R. — N. —

K. Ein Strich, welcher so groß ist, als zwei andere zusammengenommen, heißt die Summe oder das Gesammt derselben. Die beiden Striche aber heißen die Stücke (Posten, Glieder) dieser Summe.

L. Wiederholet dieses alle gemeinschaftlich. — R. — W. — Kr. w.

L. Könnt ihr auch einen Strich zeichnen, der so groß ist, als drei oder mehr zusammengenommen? R. — W. — Kr. a.

L. Kann ein Strich also auch die Summe von 3 oder mehr andern Strichen sein? R. — W. — Kr. a.

L. Wie viel Posten oder Stücke hat alsdann die Summe? R. — N.

K. Die Summe hat so viel Stücke, als man Striche zusammengesetzt hat.

(Der obige Satz wiederholt und erweitert.)

L. Zeichnet wieder 2 Striche. Kr. t.

L. Verlängert den obern Strich um so viel, als der untere beträgt. Kr. t.

L. Wie groß ist nun der obere Strich? R. — W. — Kr. a.

K. Der obere Strich ist nun so groß, als die beiden Striche zusammengenommen, oder als die Summe derselben.

L. Verlängert nun den untern Strich um so viel, als der obere betrug, ehe er verlängert wurde. Kr. t.

L. Wie groß ist jetzt der untere Strich? R. — W. — Kr. a.

Kr. Der untere Strich ist jetzt so groß, als die beiden zuerst gezeichneten Striche zusammengenommen, oder als die Summe derselben.

L. Welcher von den beiden verlängerten Strichen ist nun größer, der obere oder der untere? R. — W. — Kr. a.

K. Es ist weder der eine noch der andere größer; die beiden verlängerten Striche sind gleich.

L. Macht es also einen Unterschied, ob ich den obern an den untern, oder den untern an den obern setze? R. — W. — Kr. a.

L. Könnt ihr mir dieses wohl auf eine allgemeine Weise zusammenhängend ausdrücken? R. — N.

K. Die Summe zweier Striche ist gleich, in welcher Folge oder Ordnung man die Stücke auch aneinandersetzt.

(Sollte die Antwort nicht gleich erfolgen, so bechtige der Lehrer.)

L. Wiederholt dieses alle gemeinschaftlich. R. — W. — Kr. w.

L. Wenn aber mehr als 2 Striche als Stücke vorhanden sind, ist es auch dann noch gleichgültig, in welcher Ordnung man sie verbindet? R. — N. —

L. Könnt ihr mir dieses nun wieder zusammenhängend in einem Satze ausdrücken? R. — N. —

K. Die Summe mehrer Striche ist gleich, in welcher Folge oder Ordnung man die Glieder auch verbindet, oder: Die Ordnung oder Folge der Glieder hat auf die Summe keinen Einfluß.

L. Wiederholt diesen Satz alle gemeinschaftlich. R. — W. — Kr. w.

(Wenn die Kinder schon aus der Zahlenlehre mit der Bedeutung der Worte: Gesammt oder Summe, Posten oder Stücke oder Glieder bekannt sind, so kann der Lehrer sie darauf aufmerksam machen, daß sie hier das nämliche in Beziehung auf räumliche Größen, wie dort in Beziehung auf Zahlgrößen bezeichnen. Auch zeige er ihnen, daß das Zusammensetzen mehrer Striche hier das nämliche ist, wie dort das Addiren.)

3.

Abziehen der Striche.

L. Zeichnet jeder einen Strich. (F. 2.)

L. Kann dieser Strich wohl so groß sein, als

mehre andere zusammen genommen? — oder kann er wohl die Summe mehrer anderer Striche sein?

L. Könnt ihr wohl bestimmen von wie vielen andern er die Summe ist? — Wenn ich euch aber auch sage, er soll die Summe von 2 Strichen vorstellen, könnt ihr dann wohl bestimmt angeben, wie groß jeder einzelne Strich sein müsse? — Drückt mir dieses in einem Satze zusammenhängend aus.

Kr. W e n n m a n n i c h t s w e i t e r a l s d i e S u m m e z w e i e r S t r i c h e h a t, s o k a n n m a n d a r a u s d i e e i n z e l n e n S t ü c k e o d e r G l i e d e r n i c h t b e s t i m m e n.

(Der Satz wird gemeinschaftlich wiederholt.)

L. Zeichnet einen zweiten Strich, welcher kleiner ist, als der vorige. (F. 2.) — Wenn dieser zweite Strich ein Stück des ersten vorstellt, könnt ihr dann wohl das zweite Stück desselben angeben? und ist dieses nun bestimmt? — Versucht es nun mir anzugeben, wodurch dieses zweite Stück bestimmt ist.

K. D u r c h d i e S u m m e z w e i e r S t r i c h e u n d d a s e i n e S t ü c k i s t d a s a n d e r e b e s t i m m t. (Der Satz wird, so wie alle folgenden groß gedruckten, nicht nur jetzt, sondern auch bei jeder Wiederholung, von den Kindern gemeinschaftlich gesprochen.)

L. Setzt in den ersten Strich einen Punkt, so

daß dadurch, vom rechten Ende an, ein Stück abgeschnitten wird, welches so groß ist, als der zweite Strich. — Wie groß ist nun das zweite Stück, und wodurch wird es dargestellt?

Kr. Durch das linke Ende des obern Strichs.

L. Der obere Strich zeigt also nun die Summe, und die beiden Stücke, woraus sie besteht zugleich. — Stellt euch vor, man könnte das eine (rechte) Stück wegnehmen, wegziehen, abziehen, von dem ganzen Striche, was würde denn noch stehen bleiben, übrig bleiben?

Kr. Es würde das andere Stück übrig bleiben.

L. Könnt ihr mir nun sagen, was Abziehen (Subtrahiren) heißt?

Kr. Abziehen heißt: zu einer gegebenen Summe und einem gegebenen Stück das zweite Stück finden.

L. Wenn ein Strich als das Gesammt oder die Summe zweier Stücke gegeben ist, so heißt er das Ganze (Vorrath, Minuendus) das gegebene Stück, welches davon abgezogen werden soll, heißt der Abzug (Subtrahendus) und das zweite Stück, welches übrig bleibt, heißt der Rest, oder der Unterschied. Man nennt es auch die Ergänzung des Abzuges zum Ganzen. — Zwischen

Minuendus und Subtrahendus setzt man einen wagerechten Strich als Subtractionszeichen, z. B. ab — cd. Man liest es: weniger. —

L. Wenn ein Strich als Summe dreier Stücke gegeben ist, wie viel Stücke muß man dann wissen, um die noch übrigen bestimmt angeben zu können?

Kr. Man muß 2 Stücke wissen, und kann dann das dritte angeben.

L. Wenn ein Strich überhaupt als die Summe mehrer Stücke gegeben ist, wie viele von ihnen muß man wissen, um die übrigen bestimmt angeben zu können?

Kr. Man muß zwei Stücke wissen, und kann dann das dritte angeben.

L. Wenn ein Strich überhaupt als die Summe mehrer Stücke gegeben ist, wie viele von ihnen muß man wissen, um die übrigen bestimmt angeben zu können?

K. Wenn ein Strich als die Summe mehrer Stücke gegeben ist, so muß man diese alle bis auf eins wissen, um das fehlende Stück angeben zu können.

L. Wenn man einen Strich bezeichnen will, um ihn nennen zu können, so setzt man gewöhnlich an jedes Ende desselben einen Buchstaben z. B. ab, cd, ef, (F. 2.) (Uebung.) — Will man nun blos anzeigen, daß zwei oder mehr Striche zusammengezogen werden sollen, so setzt man ein stehendes Kreuz zwischen ihre Namen, z. B. cd, † ef. — Man ließt es und (Uebung.) Will man dagegen anzeigen, daß der eine vom andern abgezogen werden soll, so schreibt man das Ganze oder den Vorrath voran, und läßt den Abzug folgen.

L. Könnt ihr mir nun wohl sagen, wie groß der Abzug und der Rest züsammengenommen sind?

K. Der Abzug und der Rest sind zusammengenommen so groß als das Ganze.

Die folgenden Sätze werden gewöhnlich bei der Zahlenlehre aufgestellt, wiewohl sie eigentlich zur allgemeinen Größenlehre gehören. Sie laßen sich hier zwar eben so leicht, und vielleicht leichter deutlich machen, als in der Zahlenlehre, doch muß es dem Ermessen des Lehrers überlassen bleiben, ob er sie mit den Kindern durchgehen und wie er sie behandeln will. Mit ganz kleinen Kindern würden sie gänzlich zu übergehen, für größere kann die Aufsuchung derselben eine sehr nützliche Uebung sein.

1) Wenn eins oder mehre Stücke größer werden, so wird auch die Summe um eben so viel größer.

2) Wenn eins oder mehre Stücke kleiner werden, so wird auch die Summe um eben so viel kleiner.

3) Wenn die Summe zweier Stücke größer geworden ist, das eine Stück ist aber noch das=

selbe, so muß das andere Stück um eben so viel größer geworden sein.

4) Wenn die Summe zweier Stücke kleiner geworden ist, das eine Stück ist aber noch dasselbe, so muß das andere Stück um eben so viel kleiner geworden sein.

5) Wenn die Summe dieselbe geblieben ist, das eine Stück ist aber kleiner (größer) geworden, so muß das andere Stück um eben so viel größer (kleiner) geworden sein.

6) Wenn das Ganze (der Minuendus) gleich bleibt, der Abzug aber wird kleiner, (größer) so wird der Rest um eben so viel größer (kleiner.)

7) Wenn das Ganze kleiner wird, der Abzug aber gleich bleibt, so wird der Rest um eben so viel kleiner.

8) Wenn das Ganze größer wird, der Abzug aber bleibt derselbe, so wird der Rest um eben so viel größer. (Diese drei letzten Sätze 6. 7. 8. sind dieselben wie die Sätze 5. 4. 3. nur daß hier die Benennungen aus der Subtraction, dort aus der Addition genommen sind.)

9) Wenn das Ganze und der Abzug beide um gleich viel größer oder kleiner werden, so bleibt der Rest derselbe.

Diese Sätze kann man durch folgende drei noch allgemeiner machen.

10) Die Veränderungen der Summe und ihrer Stücke sind übereinstimmig.

11) Auch die Veränderungen des Ganzen und des Restes sind übereinstimmig.

12) Die Veränderungen des Abzuges und des Restes dagegen sind widerstimmig.

Die Meinung ist nicht, als ob alle diese Sätze weitläuftig durchgenommen und eingeprägt werden sollten. Ihre Entwickelung und Auffindung soll die Kraft des Schülers nur üben. Er mag die Sätze immerhin wieder vergessen, wenn er nur in den Stand gesetzt ist, sie jedesmal wieder aufzufinden so oft er sie braucht.

4.

Multiplikation der Striche.

L. Zeichnet jeder einen Strich (wagerecht) (F. 2.)

» Zeichnet einen zweiten Strich, so lang als den ersten.

» Verlängert diesen Strich um so viel, als der erste beträgt.

» Setzet dahin, wo die Verlängerung des zweiten Strichs anfängt, einen Punkt.

» Aus wie vielen Stücken besteht nun der zweite Strich?

Welches von diesen Stücken ist das größere?

Kr. Die beiden Stücke sind gleich groß.

L. Wie groß ist jedes Stück des zweiten Strichs, wenn ihr es mit dem ersten vergleicht?

Kr. Jedes Stück des zweiten Strichs ist eben so groß, als der erste.

L. Wie groß ist aber der ganze zweite Strich, wenn ihr ihn mit dem ersten vergleicht.

Kr. Er ist so groß als der erste und noch einmal so groß als derselbe, — oder: er ist zweimal so groß als der erste.

Anmk. Sollten die Kinder antworten: er ist noch einmal so groß als der erste, so erkläre ihnen der Lehrer, daß dieses zwar nach dem gewöhnlichen Sprachgebrauch richtig, in dieser Redensart aber etwas ausgelassen ist. Es sollte nämlich heißen: er ist eben so groß und noch einmal so groß, welches eben so viel ist, als zweimal so groß. — Es ist nothwendig dieses den Kindern deutlich zu machen, weil es sie nothwendig verwirren muß, wenn sie von dem noch einmal so großen (dem Zweifachen) sogleich zu dem dreimal so großen (dem Dreifachen) fortschreiten sollen. Es ist auch schlechterdings nicht zu billigen, wenn manche die unvollständige Redensart beibehalten, und das dreifache noch zweimal, das vierfache noch dreimal so groß nennen.

L. Der zweite Strich ist zweimal so groß als der erste. R. — W. — Kr. w.

"Zeichnet einen dritten Strich so groß als den ersten, und setzt auf die nemliche Stelle einen Punkt.

"Verlängert diesen Strich um so viel, als der erste beträgt, und setzt da, wo die Verlängerung anfängt, auch einen Punkt.

"Aus wie vielen Stücken besteht nun der dritte Strich?

"Welches von diesen Stücken ist das größere?

"Wie groß ist jedes Stück, wenn ihr es mit dem ersten Strich vergleicht?

"Wie groß ist also der ganze dritte Strich, wenn ihr ihn mit dem ersten vergleicht?

K. Der dritte Strich ist dreimal so groß als der erste.

Eben so lasse der Lehrer einen 4ten Strich zeichnen, welcher 4 mal, einen 5ten welcher 5 mal so groß ist, als der erste, und fahre damit bis zum 10ten Strich fort. — Den drei letzten Fragen kann er nach und nach auch folgende Form geben:

Wie verhalten sich die Stücke zu einander? — Wie verhält sich jedes Stück zu dem ersten Striche? — Wie verhält sich der ganze Strich zu dem ersten? — Hierauf richte er auch außer der Reihe Fragen an die Kinder, welche alle das Verhältniß eines Strichs zum ersten betreffen können; z. B.

L. Wie groß ist der 4te Strich, wenn ihr ihn mit dem ersten vergleicht?

K. Der 4te Strich ist 4 mal so groß als der erste.

L. Wie verhält sich der 8te Strich zu dem ersten?

Kr. Der 8te Strich ist 8 mal so groß als der erste.

L. Man könnte dieses auch so ausdrücken: der 8te Strich ist das 8fache des ersten. — Sagt mir auf diese Weise, wie sich jeder Strich, vom 2ten bis zum 10ten, zu dem ersten Striche verhält. (Die Kinder thun dies gemeinschaftlich.)

Uebungsreihe.

K. Der 2te Strich ist das 2 fache des ersten
„ — 3 — — 3 — —
„ — 4 — — 4 — —
„ — 5 — — 5 — —
„ — 6 — — 6 — —
„ — 7 — — 7 — —
„ — 8 — — 8 — —
„ — 9 — — 9 — —
„ — 10 — — 10 — —

L. Könntet ihr mir nun wohl das Verhältniß aller Striche zum ersten auf eine allgemeine Weise ausdrücken?

Kr. Alle Striche sind Vielfache des ersten.

L. Was habt ihr also gethan, indem ihr alle Striche aus lauter Stücken, die dem ersten gleich waren, zusammengesetzt habt.

Kr. Wir haben den ersten Strich vervielfacht.

L. Das was ihr gethan habt war also ein Vervielfachen oder Multipliciren. Weil man dabei immer angeben muß, wie oft man den Strich als Stück verbunden habe, so könnte man es auch Veröften nennen. —

L. Man nennt das Stück — hier den Strich welches multiplicirt (veröftet) wird, den Multiplicandus (Oeftstoff), und die Zahl, welche anzeigt wie oft man es gesetzt habe, den Multiplicator (Oeftzahl). Das, was aus der Zusammensetzung der gleichen Stücke aber entsteht, nennt man das Product. (Gehöft) Multiplicandus und Multiplicator nennt man mit einem gemeinsamen Namen die Factoren. (Veröfter)

(Diese Sätze sind einzeln und dann zusammen von den Kindern gemeinschaftlich zu wiederholen, wenn der Lehrer durch das Folgende erst versichert ist, daß sie es wohl verstehen.)

L. Wenn ihr darauf seht wie der 8te Strich aus dem ersten durch Multiplication entstanden ist, welches ist dann der Multiplicandus? Kr. der erste Strich

L. Welches ist der Multiplicator? Kr. — die Zahl 8

L. Welches ist das Produkt? Kr. — der 8te Strich

L. Welches sind die Factoren? Kr. — der erste Strich und die Zahl 8.

(Dieses muß an mehr Beispielen geübt werden.)

L. Könnte man sich auch wohl vorstellen, daß der 6te Strich aus dem 2ten durch Multiplication entstanden sei?

L. Welches ist dann der Multiplikandus? Kr. der zweite Strich

L. Welches ist dann der Multiplikator? Kr. die Zahl 3.

L. Welches ist dann das Product? Kr: der 6te Strich

Eben so kann durch Multiplication entstanden sein: der 4te aus dem 2ten; der 6te aus dem 3ten; der 8te aus dem 2ten und 4ten; der 9te aus dem 3ten; der 10te aus dem 2ten und 5ten — Der Lehrer gehe einige Beispiele durch, und lasse die Kinder dann das übrige aufsuchen.

Uebungsreihe

Der	4te	Strich	ist das	2	fache des	2ten	Strichs
—	6	—	—	3	—	2	—
—	6	—	—	2	—	3	—
—	8	—	—	4	—	2	—
—	8	—	—	2	—	4	—
—	9	—	—	3	—	3	—
—	10	—	—	5	—	2	—
—	10	—	—	2	—	5	—

L. Sagt mir jetzt noch einmal, das wievielfache des 2ten Strichs ist der 6te?

Kr. Der 6te Strich ist das 3 fache des 2ten.

L. Aber der 2te Strich, das wievielfache des ersten Strichs ist er?

Kr. Der 2te Strich ist das 2 fache des ersten.

L. Was könnt ihr mir also wohl antworten, wenn ich euch aufgebe, mir vermittelst des 2ten Strichs auszudrücken, das wievielfache des ersten Strichs der 6te ist?

Kr. Der 6te Strich ist das dreifache aus dem zweifachen des ersten Strichs.

L. Ist der 6te Strich hier auch ein Produkt?
L. Welches ist der Multiplikandus desselben?
Kr. Der 1ste Strich.
L. Welches ist aber der Multiplikator?

Die Kinder werden vermuthlich antworten 6 sei der Multiplikator. Der Lehrer führe sie dann auf die obige Antwort zurück, in welcher sie den 6ten Strich nicht das 6 fache, sondern das 3 fache aus dem 2 fachen des ersten Strichs genannt haben. Sie werden dann ohne Zweifel die richtige Antwort finden, daß nämlich 3 und 2 die Multiplikatoren sind.

Uebungsreihe.

Eben so kann entstanden sein:

der	4te	mittelst des	2ten	aus dem	1sten	
—	6	—	2	—	1	—
—	6	—	3	—	1	—
—	8	—	2	—	1	—
—	8	—	4	—	1	—
—	9	—	3	—	1	—
—	10	—	2	—	1	—
—	10	—	5	—	1	—

Die Multiplikatoren sind dann:

2 und 2
3 — 2
2 — 3
4 — 2
2 — 4
3 — 3

5 und 2
2 — 5

Endlich kann auch noch der 8te Strich mittelst des 4ten und 2ten durch Multiplikation aus dem 1sten entstanden sein. Die Multiplikatoren sind dann 2 und 2 und 2.

L. Kann ein Produkt also auch mehr als einen Multiplikator haben? wie viele? (Wir haben hier nur Beispiele mit 2 und 3 Multiplikatoren gehabt, es läßt sich aber leicht übersehen, daß es auch mehrere geben kann. — Kann ein Produkt auch mehr als einen Multiplikandus haben?

Sollten die Kinder zweifelhaft sein, so darf der Lehrer sie nur darauf aufmerksam machen, daß es nur darum ein Vielfaches oder ein Geöft ist, weil alle Stücke gleich sind. Es ist also nur ein Multiplikandus, wohl aber sind mehrere Multiplikatoren in einem Produkt denkbar. Wenn man anzeigen will, daß ein Strich mit einer Zahl multiplizirt werden soll, so setzt man die Zahl unmittelbar, und ohne weiteres Zeichen vor dem Namen des Strichs, z. B. 3 ab heißt der Strich ab soll 3 mal genommen werden. Bei Zahlen bedient man sich auch des Punktes und des liegenden Kreuzes als Veröftungszeichen, z. B. 2 3 ab oder 2 × 3 ab. Man liest es mal.

5.

Division als eigentliche Theilung.

L. Zeichnet jeder einen graden Strich (wagerecht) (F. 4.)

L. Kann dieser Strich wohl ein Vielfaches, oder ein Produkt sein?

Kr. Ja.

L. Könnt ihr mir aber wohl angeben, wie groß der Strich ist, von dem er ein Vielfaches, oder Produkt ist?

L. Oder könnt ihr mir die Zahl angeben, welche anzeigt, das wievielfache seines Multiplikandus er ist?

L. Könnt ihr also die Factoren dieses Strichs wohl bestimmen? — Die Kinder werden diese Frage verneinen, wenn sie den vorigen Abschnitt richtig verstanden haben.

Wenn man nichts weiter als das Vielfache eines Strichs hat, so kann man daraus weder den Strich, durch dessen Vervielfachung es entstanden, noch die Zahl bestimmen, welche angiebt das wievielfache jenes Strichs er ist, oder: Aus dem Produkt lassen sich beide Faktoren nicht bestimmen..

L. Wenn ich euch aber den Multiplikator (die Oeftzahl) angebe, werdet ihr mir dann den Multiplikandus (Oeftstoff) bestimmen können durch dessen Vervielfachung der Strich, den ihr gezeichnet habt, entstanden sein kann? — Zeichnet einen zweiten Strich so lang als den ersten, und theilt ihn durch einen Punkt in 2 gleiche Theile. Könnt ihr den Strich nun wohl als das Zweifache eines andern Strichs ansehen? und welches andere?

Kr. Wir können den Strich als das Zweifache eines der gleichen Theile ansehen, in welche wir ihn getheilt haben.

L. Welches ist nun hier der Multiplikator (die Oeftzahl) den ich euch bestimmt habe?

Kr. Die Zahl 2.

L. Ist dadurch nun auch der Multiplikandus bestimmt? — Wodurch ist er bestimmt?

Kr. Der Multiplikandus ist durch das Produkt und durch dem Multiplikator bestimmt.

L. Wodurch bestimmt man aus dem Produkt und aus dem Multiplikator den Multiplikandus?

Kr. Durch Theilen. —

L. Zeichnet nun einen dritten Strich so lang als den ersten, und theilt ihn auch durch einen Punkt in 2 gleiche Theile. — Jeden der gleichen Theile theilet wieder durch einen Punkt in 2 gleiche Theile. In wie viele Theile ist nun der ganze dritte Strich eingetheilt? Wie heißt hier der Multiplikator? und welches ist der Multiplikandus?

Kr. Der Multiplikator ist 4 und der Multiplikandus ist einer von den 4 gleichen Theilen.

Eben so lasse der Lehrer einen 4ten Strich zeichnen, und denselben zuerst in 4, so dann jeden Theil noch in 2 gleiche Theile theilen, so daß der ganze Strich 8 gleiche Theile hat, und lasse dieselben Fragen folgen.

L. Wenn ein Produkt gegeben ist, um daraus die Faktoren zu finden, so nennt man es den Dividendus (Theilstoff.) Den gegebenen Faktor nennt man den Divisor (Theiler) und den gefundenen den Quotienten, (Theilfund.) Welcher von den beiden Faktoren war nun hier gegeben, der Multiplikandus oder der Multiplikator? Kr. Der Multiplikator oder die Oeftzahl.

L. Wenn die Oeftzahl oder der Multiplikator gegeben ist, um vermittelst derselben das Produkt zu theilen, so nennt man diesen Theiler die Theilzahl.

L. Wenn nun Theilstoff und Theilzahl gegeben ist, was ist denn der Theilfund, wenn wir seine Benennung von der Vervielfachung hernehmen? — Kr. Der Oeftstoff oder Multiplikandus.

L. Wenn ihr den 2ten Strich als Theilstoff oder Dividendus anseht, welches ist dann die Theilzahl? und welches der Theilfund oder der Quotient?

Kr. Die Theilzahl ist 2, der Theilfund ist einer von den gleichen Theilen des 2ten Strichs.

L. Man nennt jeden der 2 gleichen Theile den 2ten Theil, das Zweitel, oder die Hälfte. — Wenn ihr den dritten Strich als Theilstoff anseht, welches ist denn die Theilzahl und welches ist der Theilfund? Kr. Die Theilzahl ist 4, der Theilfund ist einer von den 4 gleichen Theilen des dritten Strichs.

L. Wie wird man nun jeden der 4 gleichen Theile des dritten Strichs nennen können?

Kr. Den 4ten Theil oder ein Viertel. —

Eben so verfahre der Lehrer mit den 4ten Striche. Er lasse ferner einen 5ten Strich zeichnen, und diesen durch 2 Punkte in 3 gleiche Theile theilen. Den 6ten lasse er auch zuerst in 3 gleiche Theile, und dann jeden Theil wieder in 2 gleiche Theile theilen; den 7ten zuerst in 3 und jeden Theil wieder in 3 gleiche Theile; den 8ten in 5; den 9ten zuerst in 5, und jeden Theil wieden in 2; den 10ten lasse er endlich in 7 gleiche Theile theilen.

Der Lehrer muß das, was die Kinder auf ihren Schiefertafeln zeichnen jedesmal auch an der Schultafel zeichnen, und bei folgenden Uebungen die Striche und Punkte, welche er nennt, auch jedesmal zeigen. Es bedarf hoffentlich keiner Erwähnung, daß er nur die ersten Reihen vorsprechen darf, und dann die Kinder allein fortfahren lassen kann.

Uebungsreihe

Der erste Strich ist ungetheilt —

Der zweite Strich ist in 2 gleiche Theile getheilt —

Jeder von den gleichen Theilen dieses Strichs ist ein Zweitel, —

Vom Anfange bis zum Punkte ist ein Zweitel oder eine Hälfte —

Vom Punkte bis ans Ende ist ein Zweitel oder eine Hälfte —

Der ganze Strich hat 2 Hälften —

Der dritte Strich ist in 4 gleiche Theile getheilt —

Jeder von den gleichen Theilen ist ein Viertel desselben —

Vom Anfang bis zum ersten Punkte ist ein Viertel —

Vom ersten bis zum zweiten Punkt ist ein Viertel —

Vom zweiten bis zum dritten Punkt ist ein Viertel —

Vom dritten Punkt bis ans Ende ist ein Viertel —

Der ganze Strich hat 4. Viertel —

Vom Anfang bis zum zweiten Punkt sind 2 Viertel —

Vom ersten bis zum dritten Punkt sind 2 Viertel —

Vom zweiten Punkt bis ans Ende sind 2 Viertel —

Vom Anfange bis zum dritten Punkt sind 3 Viertel —

Vom ersten Punkt bis ans Ende sind 3 Viertel —

Vom Anfang bis ans Ende sind 4 Viertel —

Vier Viertel machen den ganzen Strich aus. —

Der dritte Strich ist in 8 gleiche Theile getheilt

Jeder von den 8 gleichen Theilen dieses Strichs ist ein Achtel desselben,

Vom Anfange bis zum ersten Punkte ist ein Achtel —

Vom ersten bis zum zweiten Punkte ist ein Achtel u. s. w. bis

Vom siebenten Punkte bis ans Ende ist ein Achtel —

Der ganze Strich enthält 8 Achtel —

Vom Anfange bis zum zweiten Punkte sind 2 Achtel

Vom ersten bis zum dritten Punkte sind 2 Achtel u. s. w. bis

Vom sechsten Punkte bis ans Ende sind 2 Achtel

Vom Anfange bis zum dritten Punkte sind 3 Achtel

Vom ersten bis zum vierten Punkte sind 3 Achtel u. s. w. bis

Vom fünften Punkte bis ans Ende sind 3 Achtel

Vom Anfange bis zum vierten Punkte sind 4 Achtel

Vom ersten bis zum fünften Punkt sind 4 Achtel u. s. w. bis

Vom vierten Punkte bis ans Ende sind 4 Achtel

Vom Anfange bis zum fünften Punkte sind 5 Achtel

Vom ersten bis zum sechsten Punkte sind 5 Achtel u. s. w. bis

Vom dritten Punkte bis ans Ende sind 5 Achtel

Vom Anfange bis zum sechsten Punkte sind 6 Achtel

Vom ersten bis zum siebenten Punkte sind 6 Achtel

Vom zweiten Punkte bis ans Ende sind 6 Achtel

Vom Anfange bis zum siebenten Punkte sind 7 Achtel

Vom ersten Punkte bis ans Ende sind 7 Achtel.

Vom Anfange bis ans Ende sind 8 Achtel.

Acht Achtel machen den ganzen Strich aus.

(Diese ganze Uebung steht ausführlich in Pestalozzis Anschauungslehre der Maaßverhältnisse §. 4.)

Eben so verfahre er nun mit dem 4ten und allen folgenden Strichen —

Jedesmal, wenn die Uebung an einem Striche durchgenommen ist, richte er Fragen an die Kinder; z. B. beim dritten Striche:

Vom ersten bis zum dritten Punkte wie viel Achtel sind es? —

Vom zweiten bis zum siebenten Punkt, wie viel Achtel sind es? Haben die Kinder den ersten Theil dieses Abschnitts wohl verstanden, so werden sie auch Fragen folgender Art leicht beantworten können.

L. Wenn ihr darauf seht wie der dritte Strich eingetheilt ist, welches ist da der Dividendus oder der Theilstoff? — Kr. der dritte Strich (oder der ihm gleiche erste)

L. Welches ist die Theilzahl? Kr. die Zahl 8 —

L. Welches ist der Quotient oder Theilfund? Kr. einer von den gleichen Theilen des dritten Strichs, oder ein Achtel desselben.

6. Fortsetzung

L. Erinnert ihr euch noch, welchen Punkt wir zuerst setzten, als wir den dritten Strich theilten? Kr. den zweiten

L. Wie war der dritte Strich also eingetheilt ehe die übrigen Punkte gesetzt waren? Kr. in 2 Hälften —

L. Welches war also damals die Theilzahl? Kr. — 2.

L. Wir theilten nun jede Hälfte wieder in 2 gleiche Theile, welches war nun die Theilzahl, wornach wir die Hälfte eintheilten? Kr. auch 2. — L. Nach welchen Theilzahlen haben wir eigentlich den dritten Strich eingetheilt?

Kr. Wir haben den dritten Strich zuerst nach 2 und dann wieder nach 2 eingetheilt.

L. Wie viel Theilzahlen hatten wir also bei Theilung des dritten Strichs?

Kr. Wir hatten 2 Theilzahlen; 2 und noch mal 2.

Eben so ist der sechste Strich nach 3 und 2; der siebente nach 3 und 3; der 9te nach 5 und 2, endlich der 4te nach 2 und 2 und 2 getheilt. Beim Theilen des letztern waren also 3 Theilzahlen (Divisoren.) Der Lehrer mache die Kinder nun noch darauf aufmerksam, daß man den sechsten und neunten Strich auch noch auf andere Art in 6 und 10 gleiche Theile hätte theilen können, nämlich den sechsten zuerst in 2 und dann in 3, den neunten zuerst in 2 und dann in 5 gleiche Theile. Die Kinder werden leicht finden daß hier die Ordnung der Theilzahlen nur verwechselt ist.

Es kann hiernach entstanden sein die Theilung des dritten Strichs aus der Theilung des zweiten. Die Theilzahlen sind dann 2 und 2.

Eben so die	Die Theilzahlen sind dann
des 6ten aus der des 5ten	3 und 2
— 6 — — 2 —	2 — 3
— 4 — — 3 —	4 — 2
— 4 — — 2 —	2 — 4
— 7 — — 5 —	3 — 3
— 9 — — 8 —	2 — 5
— 9 — — 2 —	5 — 2

Endlich kann die Theilung des 8ten entstanden sein aus der Theilung des dritten, und diese aus der Theilung des zweiten. Die Theilzahlen sind dann 2 und 2 und 2.

Der Lehrer mache die Kinder nun noch darauf aufmerksam, daß der Theilfund (Quotient) zwar durch mehrere Theilzahlen (Divisoren) aus dem Theilstoffe (Dividendus) entstanden sein kann, daß aber nur ein Theilstoff vorhanden sein könne. —

Die folgenden Uebungsreihen müssen dieses noch geläufiger machen. Aus der Vergleichung der Theilung des zweiten und dritten Strichs.

(Der Lehrer muß hier alles an der Schultafel zeigen. Er könnte die Uebungsreihen auch so ausdrücken: der halbe Strich sind 2 Viertel desselben — Ein Viertel des Strichs ist die Hälfte eines halben Striches u. s. w.)

Ein Halbes sind 2 Viertel —

Ein Viertel ist die Hälfte eines Halben —

Zwei Viertel sind ein Halbes —

Aus der Vergleichung des sechsten und fünften Strichs —

Ein Drittel sind 2 Sechstel —
Zwei Drittel sind 4 Sechstel —
Ein Sechstel ist die Hälfte eines Drittels —
Zwei Sechstel sind 1 Drittel —
Vier Sechstel sind 2 Drittel —

Aus der Vergleichung des sechsten und zweiten Strichs.

Ein Halbes sind 3 Sechstel —
Ein Sechstel ist das Drittel eines Halben —
Drei Sechstel sind ein Halbes.

Aus der Vergleichung des vierten und dritten Strichs.

Ein Viertel sind 2 Achtel
2 — — 4 —
3 — — 6 —
Ein Achtel ist die Hälfte eines Viertels
Zwei Achtel sind 1 Viertel
4 — — 2 Viertel; 2 Viertel sind 1 Halbes
6 — — 3 —

Aus der Vergleichung des vierten und zweiten Strichs.

Ein Halbes sind 4 Achtel —
Ein Achtel ist das Viertel eines Halben.
Zwei Achtel sind die Hälfte eines Halben —
Vier Achtel sind ein Halbes.

Aus der Vergleichung des siebenten und fünften Strichs.

Ein Drittel sind 3 Neuntel —
Zwei Drittel sind 6 Neuntel —
Ein Neuntel ist das Drittel eines Drittels —
Drei Neuntel sind 1 Drittel —
Sechs Neuntel sind 2 Drittel.

Aus der Vergleichung des neunten und achten Strichs.

Ein Fünftel sind 2 Zehntel
2 — — 4 —
3 — — 6 —
4 — — 8 —

Ein Zehntel ist die Hälfte eines Fünftels
2 — sind 1 Fünftel
4 — — 2 —
6 — — 3 —
8 — — 4 —

Aus der Vergleichung des neunten und zweiten Strichs.

Ein Halbes sind 5 Zehntel —
Ein Zehntel ist das Fünftel eines Halben —
Fünf Zehntel sind 1 Halbes.

Der Lehrer suche nun durch häufige Fragen, dieses den Kindern recht geläufig zu machen.

7. Fortsetzung.

Hierauf nehme der Lehrer folgende Uebung mit den Kindern fleißig vor, bis sie in derselben recht fertig geworden sind. Er zeichnet einen graden Strich an die Schultafel, theilt ihn in zwei ungleiche Theile (F. 5.) und frägt dann:

L. Vom Anfange dieses Strichs bis an den Punkt ist ein Drittel des ganzen Strichs; wie groß ist der andere Theil vom Punkte bis ans Ende?

Kr. Wenn das erste Ende ein Drittel des ganzen Strichs ist, so muß das andere Ende zwei Drittel sein.

Auflösung. Um Drittel zu erhalten, muß ich den ganzen Strich in 3 gleiche Theile theilen. Wenn nun das erste Ende Einen solchen Theil (oder Ein Drittel) enthält, so bleiben für das andere Ende noch 2 Drittel übrig.

L. Vom Anfange bis an den Punkt sind zwei Fünftel des ganzen Strichs, wie groß ist der andere Theil vom Punkte bis ans Ende?

Kr. Wenn der erste Theil 2 Fünftel des ganzen Strichs enthält, so muß der andere Theil 3 Fünftel enthalten.

Auflösung. Um Fünftel zu erhalten muß ich den ganzen Strich in 5 gleiche Theile theilen. Da nun das erste Ende 2 Theile (Fünftel) enthält, so werden für das andere Ende noch 3 solcher Theile (3 Fünftel) übrig bleiben.

Ist das erste Ende des Strichs:

3 Fünftel, 2 Sechstel, 2 Siebentel, 5 Achtel, 4 Neuntel,

so ist das andere Ende:

2 Fünftel, 4 Sechstel, 5 Siebentel, 3 Achtel, 5 Neuntel.

Haben die Kinder in Beantwortung und Auflösung der Aufgaben dieser Art die gehörige Fertigkeit, so kann der Lehrer (wenigstens den Fähigern,) Fragen folgender Art vorlegen.

L. Das erste Ende dieses Strichs, vom Anfange bis an den Punkt, ist halb so groß als das zweite. Was für ein Theil des ganzen Strichs ist jedes Ende?

Kr. Wenn das erste Ende dieses Strichs halb so groß ist, als das zweite, so ist das erste ein Drittel, das andere 2 Drittel des ganzen Strichs.

Auflösung. Um die Hälfte des zweiten Endes zu erhalten, muß ich dasselbe in 2 gleiche Theile theilen. Da nun das erste Ende so groß ist als die Hälfte des zweiten, so hat der ganze Strich 3 gleiche Theile. Jeder Theil ist daher ein Drittel. Das erste Ende enthält also ein Drittel, und das zweite Ende enthält 2 Drittel des ganzen Strichs.

Ist das erste Ende:

1 Drittel, 1 Viertel, 1 Fünftel, 1 Sechstel des andern Endes,

so ist von dem ganzen Strich das erste Ende:

1 Viertel, 1 Fünftel, 1 Sechstel, 1 Siebentel, u. s. w. und das andere Ende:

3 Viertel, 4 Fünftel, 5 Sechstes, 6 Siebentel u. s. w.

L. Das erste Ende dieses Strichs ist 3 mal der fünfte Theil des andern Endes; was für ein Theil des Ganzen ist jedes Ende?

Kr. Wenn das erste Ende des Strichs 3 Fünftel des andern ist, so ist das erste Ende 3 Achtel das andere 5 Achtel des ganzen Strichs.

Auflösung. Um den fünften Theil des andere Endes zu erhalten, muß ich dasselbe in 5 gleiche Theile theilen. Solcher Theile enthält das erste Ende nach der Aufgabe 3, der ganze Strich folglich 5 + 3 oder 8 gleiche Theile.

Jeder Theil ist also $\frac{1}{8}$. Das erste Ende enthält daher $\frac{3}{8}$, das andere Ende $\frac{5}{8}$. — Ist das erste Ende: $\frac{2}{3}$, $\frac{2}{5}$, $\frac{3}{4}$, $\frac{5}{4}$, $\frac{8}{15}$, u. s. w. des andern Endes,

so

so ist von dem ganzen Striche das erste Ende $\frac{2}{5}$, $\frac{2}{7}$, $\frac{3}{7}$, $\frac{5}{9}$, $\frac{8}{23}$ u. s. w. und das andere Ende $\frac{3}{5}$, $\frac{5}{7}$, $\frac{4}{7}$, $\frac{4}{9}$, $\frac{15}{23}$ u. s. w.

Da die Auflösungen dieser letztern Aufgabe durchaus voraussetzen, daß das Kind die Frage fest im Auge behalte, so sind sie für sehr schwache Kinder zu schwer. Bei den fähigern muß der Lehrer aber mit Fragen beiderlei Art abwechseln, damit die Kinder nicht auf die mechanischen Rechnungsregeln verfallen, wodurch der Zweck dieser Aufgaben, die durch Theilung (also durch eine Art von Construction) gelößt werden sollen, verfehlt werden würde. Zu diesem Behufe kann er den Strich auch in 3 und mehr Theile theilen, und z. B. fragen: das erste Stück ist $\frac{3}{4}$ des zweiten, das zweite ist halb so groß als das dritte, was ist jedes Stück für ein Theil des ganzen Strichs? ($\frac{3}{15}$, $\frac{4}{15}$, $\frac{8}{15}$.)

Die unmittelbare Antwort auf die Frage wird der Lehrer in der Regel von einzelnen Kindern fordern, die Auflösung dagegen von allen gemeinschaftlich hersagen lassen. Auch wird er zu Anfang die Theilung des Strichs, so wie sie in der Auflösung beschrieben wird, wirklich vornehmen, und daher den Punkt nach der Aufgabe so viel als möglich richtig setzen müssen. Späterhin ist beides nicht mehr nöthig, und die Bedingung muß genügen.

8. Division als Messen

(In diesem Abschnit ist die Gesprächsform nicht beibehalten, damit der Lehrer veranlaßt werde, nach dem Vorbilde der vorigen Abschnitte seine eigenen Kräfte daran zu versuchen. Es kann dieses um so eher geschehen, da hier ein ganz ähnlicher Gegenstand als

§. 5 bis 7 behandelt wird. Auch ist alles so viel als möglich in kurze Sätze gefaßt, welche um so leichter in Fragen aufgelös't werden könne. —)

Es ist oben §. 5 gezeigt, daß sich aus dem Produkt allein (hier Dividendus, Theilstoff genannt) beide Factoren (Theiler) nicht bestimmen lassen. Es wurde nun von den Factoren der Multiplicator oder die Oeftzahl (hier Theilzahl) gegeben, und dadurch ließ sich der Multiplicandus oder Oeftstoff bestimmen, welches durch Theilen des Strichs geschah.

Es könnte außer dem Striche als Produkt, auch der andere Factor, nämlich der Multiplicandus gegeben, und der Multiplicator (die Oeftzahl) gesucht werden.

Alsdann sind 2 Striche vorhanden, von denen der eine das Vielfache des andern ist, und man soll bestimmen, das Wie vielfache er ist.

Dieses kann nur dadurch geschehen daß man untersucht wie viel mal der eine Strich in dem andern enthalten ist.

Wie viel mal ein Strich in dem andern enthalten ist, findet man durch Messen.

Der Strich, mit welchem ein anderer (der Theilstoff) gemessen werden soll, heißt das Maaß oder Theilmaaß. —

In dieser zweiten Division sind Messen und Maaß also das nämliche, was in der ersten (§. 5) Theilen und Theilzahl war. Sie unterscheidet sich von der vorigen aber dadurch, daß der Divisor keine Zahl, sondern ein Strich ist.

Das Gesuchte war in der ersten Division der Multiplicandus (Oeftstoff) dieser aber der Multiplicator, (die Oeftzahl). Wir nennen aber das Gesuchte bei jeder Division den Quotienten oder Theilfund.

Der Quotient, (Theilfund) welcher vorhin ein Strich wer, ist hier also nun eine Zahl.

Die Uebungen welche hier angestellt werden können, sind sehr mannichfaltig, und theils vor, theils nach der vorstehenden Auseinandersetzung vorzunehmen. Sie zerfallen im Allgemeinen in 2 Arten. **Uebungen des Augenmaaßes** und **Uebungen im praktischen Messen mit Längenmaaßen** (hier Zirkel und Maaßstab.)

9. Uebungen des Augenmaaßes.

Der Lehrer zeichne den Kindern 2 Striche an die Schultafel, und lasse sie bestimmen, wie vielmal der eine im andern enthalten ist. Er wähle hierzu anfangs die leichtesten Fälle. Der eine Strich sei dem andern gleich; die Kinder werden bald finden, daß der eine im andern 1 mal enthalten ist, der eine Strich sei halb so groß als der andere; die Kinder finden, daß er zweimal in demselben enthalten ist; u. s. w.

Sodann kann ihnen der Lehrer Rechtecke an die Tafel zeichnen, welche so beschaffen sind, daß die eine Seite in der andern gerade mehrmal enthalten ist.

Auf dieselbe Weise können dann auch Striche mit einander verglichen werden, wo der eine nur durch die Hälfte oder irgend einen Theil des andern theilbar ist. —

Diese Uebung kann an vielen Gegenständen, die im Schulzimmer selbst vorhanden sind, fortgesetzt werden. z. B.

Wie vielmal ist die Breite der Thür in ihrer Höhe enthalten? (gewöhnlich 2 mal) Eben so die Fenster, die Scheiben in denselben, die Wände des Zimmers, die Länge und Breite des Tisches, und viele andere Dinge. Einfache Verhältnisse tragen zur Gefälligkeit der Formen vieles bei.

Wenn man darauf sieht, wie vielmal ein Strich, oder ein Theil eines Strichs, in einem andern enthalten ist, so betrachtet man das Verhältniß der beiden Striche.

Das Verhältniß zweier Striche läßt sich durch Zahlen angeben.

(Es versteht sich, daß der Lehrer sie blos in ihrem richtigen Verhältnisse hinzeichnet, ohne den Kindern zu sagen, daß der eine halb so groß sei als der andere)

10. Uebungen im Messen.

Es ist bisjetzt nur nach Gutdünken durch Schätzung nach dem Augenmaaße bestimmt, wie vielmal ein Strich in dem andern enthalten sei.

Es giebt aber Mittel dieses mit größerer Sicherheit durch Gegeneinanderhalten zu thun.

Da man einen Strich nicht von der Tafel, auf welcher er gezeichnet ist, abheben kann, so kann man ihn zwar nicht selbst unmittelbar gegen einen anderen halten, aber man kann ihn auf den Rand eines andern Gegenstandes abtragen, und den abgetragenen Strich gegen den andern halten.

Man bedient sich hierzu im Kleinen und auf der Schiefertafel eines Papierstreifens, welcher, um einen geraden Rand zu erhalten, der Länge nach gefaltet wird. Man hält ihn neben den Strich, der als Maaß dient, (den Theiler) und bemerkt durch 2 Punkte seine Länge. Diesen Rand hält man nun neben den andern Strich, der gemessen werden soll, (der Theilstoff) und sieht zu wie vielmal er sich aus demselben wegnehmen läßt, bis derselben erschöpft ist. Die Zahl welche dieses anzeigt, ist der Theilfund —

Im Großen auf der Schultafel bediene man sich statt des Papierstreifens eines Linials.

11. Gemeinschaftliches Maaß.

Sollte der Dividendus (Theilstoff) nicht gerade ein Vielfaches des Divisors (Theilfund) sein, welches der Fall ist, wenn der erstere durch Ausmessung mit dem letztern nicht erschöpft wird, sondern noch etwas übrig bleibt, so könnte man den Theiler in 2, 3 oder mehr gleiche Theile theilen, und mit einem solchen Theile beide Striche ausmessen.

Dieser Theil mit dem sich beide Striche genau ausmessen lassen, heißt das gemeinschaftliche Maaß derselben.

Das Verhältniß der beiden Striche muß in diesem Fall durch 2 Zahlen ausgedrückt werden.

Es verhält sich z. B. in F. 3. der zweite Strich zum dritten, wie 2 zu 3, der 4te zum 10ten, wie 2 zu 5 ꝛc. — Der Theilfund ist in diesem Falle keine ganze Zahl sondern ein Bruch.

Man kann auf diese Weise auch den kleinern Strich mit dem größern ausmessen.

Oftmals läßt sich ein Strich mit dem andern gar nicht, oder nur mit großen Schwierigkeiten ausmessen. Man muß sich alsdann mit einer Annäherung begnügen.

Anmerkung für den Lehrer. Es läßt sich hier nicht füglich weiter gehen, ohne die ganze Lehre von den Brüchen hineinzuziehen, und es muß daher genügen einige Uebungen an den Strichen F. 3. vorzunehmen. In der Zahlenlehre wird zum Behufe der Aufhebung der Brüche gezeigt, wie man das größte gemeinschaftliche Maaß zweier Zahlen findet. Man dividirt nämlich mit der kleineren in die größere, mit dem Rest in die kleinere, mit dem zweiten Reste in den ersten u. s. w. Derjenige Rest, welcher zuerst aufgeht, ist das größte gemeine Maaß beider Zahlen.

Auf gleiche Weise findet man das größte gemeine Maaß zweier Striche. Man mißt nämlich den größern mit dem kleinern; mit dem Reste mißt man den kleinern Strich. Bleibt wieder ein Rest; so mißt man mit diesem den ersten Rest. Eben so mißt man mit dem dritten Reste den zweiten, mit dem 4ten den dritten u. s. w. Derjenige Rest, welcher zuerst in den nächst vorhergehenden aufgeht, d. h. ihn ausmißt, ohne einen Rest zu lassen, ist das größte gemeinschaftliche Maaß beider Striche. Der Grund dieses Verfahrens wird dem Nachdenkenden leicht einleuchten.

12. Längenmaaße.

Wenn man versucht die Größe eines Strichs mit Worten zu beschreiben, aber ohne ihn mit einer andern bekannten Größe zu vergleichen, so findet man bald, daß es unmöglich ist, damit zu Stande zu kommen.

Es ist auch nicht so leicht, solche bekannte Größen aufzufinden, mittelst deren man die Länge eines Gegenstandes so beschreiben kann, daß sich derjenige, der die Beschreibung liest zu allen Zeiten und an allen Orten eine richtige Vorstellung von der beschriebenen Länge macht.

Man hat daher gewisse Längen angenommen, nach welchen man in dem Umfange großer Länder alle übrigen Längen bestimmt, mit denen man sich daher bekannt machen muß. Man nennt sie Längenmaaße. — Diese Längenmaaße werden auf Stäbe aufgetragen und diese heißen alsdann **Maaßstäbe**. Solche Maaßstäbe werden an mehreren Orten unter obrigkeitlicher Aufsicht aufbewahrt, und es kann sich ein jeder das richtige Längenmaaß von diesen Maaßstäben auf andere abtragen lassen. Alle diese Maaßstäbe stimmen nun überein, und wenn sich ein jeder mit denselben bekannt macht, so giebt es eine bekannte Größe, mit der man jede andere vergleichen kann. In Deutschland ist fast überall der rheinländische

Fuß im Gebrauch, und im Preußischen Staate ist derselbe unter dem Namen des Preußischen Fußes gesetzlich eingeführt. Will man nun eine Länge, z. B. die Länge der Schultafel so angeben, daß jeder es verstehen kann, so bedient man sich dazu seines Maaßstabes gerade eben so, wie wir uns vorhin (in 10:) des Papierstreifens bedienten. Man theilt also die Länge der Tafel nach Fußen; der Theilfund ist eine Zahl, welche angiebt wie vielmal die Länge eines Fußes in der Länge der Tafel enthalten, oder wie viel Fuß die Tafel lang ist.

(Der Lehrer muß hier einen Fußstock in Bereitschaft haben, und ihn den Kindern vorzeigen.) — Uebungen.

13. Fortsetzung.

Wenn sich die Länge nicht genau durch den Maaßstab ausmessen läßt, sondern noch ein Rest bleibt, der kleiner als ein Fuß ist, so müßte man den Maaßstab (nach 11:) in so viel gleiche Theile theilen, daß man hoffen darf diesen Rest damit genau auszumessen.

Da eine solche Theilung aber sehr beschwerlich und langwierig sein, und mit der Zeit den Maaßstab verderben würde, so ist auf denselben ein für allemal eine Eintheilung angebracht. Es ist nämlich der Fuß in 12 gleiche Theile getheilt, welche man Zolle nennt. — Sollte auch der Zoll den Rest noch nicht genau ausmessen, so ist er wieder in 12 gleiche Theile getheilt, welche Linien genannt werden, die nun meistens eine hinlängliche Genauigkeit haben. — Wenn man anzeigen will, daß ein Strich getheilt werden solle, so setzt man zwischen das Theilganze und den Theiler entweder ein Colon (:) z. B. ab: 3 heißt ab soll durch 3 getheilt werden, oder man setzt zwischen beiden einen wagerechten Strich z. B. $\frac{ab}{cd}$ heißt ab soll durch cd gemessen werden. Im ersten Falle kommt der Dividendus vor dem Divisionszeichen, im letztern unter demselben zu stehen. Man liest es durch.

Anmk. Die Eintheilung des Fußes in Zoll, und des Zolles in Linien ist eine Theilung (Division) im ersten Sinne. Der Theilfund ist hierbei eben der Zoll und die Linie.

Das Messen einer Länge mit einem Maaßstabe war dagegen eine Theilung im 2ten Sinne, und der Theilfund ist hier nur eine unbenannte Zahl, welche anzeigt wie vielmal das Maaß in der zu messenden Länge enthalten ist. Man drückt durch dieselbe aber gewöhnlich die zu messende Länge, den Dividendus oder Theilstoff selbst aus, wodurch sie zu einer benannten Zahl wird. Gesetzt es werde mir die Aufgabe gegeben, eine Länge mit dem Fußmaaße zu messen, so verlangt diese, ich soll untersuchen, wie vielmal die Länge eines Fußes in der gegebenen Länge enthalten ist, ich finde 6 mal. Hier ist die Zahl 6 noch eine reine unbenannte Zahl, indem ich dadurch aber die gegebene Länge selbst als 6 Fuß groß ausdrücke, wird sie zu einer benannten.

Anmk. 2. Der Lehrer kann die Kinder nun auch mit dem Gebrauch des Zirkels bekannt machen, dessen man sich zur Ausmessung der Linien auf dem Papier mit größerer Bequemlichkeit bedient, als des Papierstreifens.

14.

Allgemeine Sätze über Multiplikation und Division der Striche.

(Vergl. §. 3.)

1) Wenn einer von den Faktoren mehrmal größer oder kleiner wird, so wird das Produkt eben so vielmal größer oder kleiner.

In Beziehung auf den Multiplikator ist der Satz hier unmittelbar klar. In Beziehung auf den Multiplikandus vergleiche man §. 3, Satz 1 und 2 und §. 4 die dritte Uebungsreihe.

2) Ist das Produkt zweier Faktoren mehrmal größer oder kleiner geworden, der eine Faktor ist aber noch derselbe, so muß der andere eben so viel mal größer oder kleiner geworden sein.

3) Wenn das Produkt dasselbe geblieben, der eine Faktor aber mehrmal größer oder kleiner geworden ist, so muß der andere eben so viel mal kleiner oder größer geworden sein.

4) Wenn der Dividendus derselbe bleibt, der Divisor aber wird mehrmal größer oder kleiner, so wird der Quotient eben so viel mal kleiner oder größer.

5) Wenn der Dividendus mehrmal größer oder kleiner wird, der Divisor aber derselbe bleibt, so wird der Quotient eben so viel mal größer oder kleiner.

6) Wenn der Dividendus und der Divisor beide gleich vielmal größer oder kleiner geworden sind, so bleibt der Quotient derselbe.

Die Sätze 4, 5 und 6 sind die nämlichen, wie die Sätze 3, 2 und 1, nur daß in den drei ersten die Benennungen aus der Multiplikation, in den drei letzten aber aus der Division genommen sind. Man kann sie auf folgende Weise auch noch allgemeiner ausdrücken.

7) Die Veränderungen des Produkts und jedes einzelnen seiner Faktoren sind übereinstimmig.

8) Die Veränderungen des Dividendus und des Quotienten sind auch übereinstimmig.

9) Die Veränderungen des Divisors und des Quotienten sind dagegen widerstimmig.

Hierbei ist nur zu merken, daß die Veränderungen sich immer auf Multiplikation und Division beziehen. Uebrigens vergleiche man §. 3. am Ende.

15.

Vom Verhältniß.

Es ist schon an mehren Orten (§. 4 und 9) das Wort Verhältniß gebraucht, weil es aus der Sprache des gemeinen Lebens bekannt ist, und einen Begriff bezeichnet, auf dem die ganze Zahlenlehre beruht. Es kommt hier nun darauf an, diesen Begriff zur Deutlichkeit zu erheben, wobei der Lehrer auf folgende Weise verfahren kann: *)

*) Das Wort Verhältniß ist hier überall nur von dem sogenannten geometrischen Verhältniß gebraucht

Er lasse von den Kindern selbst Striche vervielfachen und theilen, und frage nach dem Verhältniß des Einfachen zum Vielfachen, des Theils zum Ganzen. (§. 4 und 6). Sodann zeichne er ihnen Striche an die Tafel, von denen der eine ein Vielfaches des andern ist, und frage einmal nach dem Verhältniß derselben; und zweitens, wie der eine Strich aus dem andern entstanden sein könne. — Sie werden leicht finden, daß der größere aus dem kleinern durch Multiplikation, der kleinere aus dem größern durch Division entstanden sein könne. Worauf sieht man also, wenn man das Verhältniß zweier Striche betrachtet?

---

und gehört meiner Ueberzeugung nach nur für dieses. — Den unschicklichen Namen arithmetisches Verhältniß und arithmetische Proportion haben die Neuern eingeführt, ungeachtet er dem gemeinen Sprachgebrauch eben so sehr, als dem wissenschaftlichen Gebrauche, nach Anleitung der Alten, widerstrebt. Wie groß auch die Analogie zwischen der sogenannten arithmetischen und geometrischen Proportion sein mag, so berechtigt sie doch nicht zu einer solchen Bezeichnung, von welcher bei den Lehrlingen fast unvermeidlich Verwirrung der Begriffe zu befürchten ist. Ich würde vorschlagen das sogenannte arithmetische Verhältniß schlechthin durch das Wort Unterschied, allenfalls Unterschied Verhältniß, die arithmetische Proportion durch Unterschiedsgleichung, das geometrische Verhältniß und die geometrische Proportion dagegen schlechthin durch Verhältniß und Verhältnißgleichung zu bezeichnen.

Wenn man das Verhältniß zweier Striche betrachtet, so sieht man darauf, wie der eine aus dem andern durch Multiplication oder Division entstanden sein kann.

Letzteres läßt sich durch eine Zahl ausdrücken, die man nach §. 8 als den Multiplicator oder als Quotienten ansehen kann.

Die beiden Striche, deren Verhältniß man betrachtet, heißen die Glieder des Verhältnisses, der erste das Vorderglied, der letzte das Hinterglied.

Die Zahl, welche anzeigt, wie viel mal man das Vorderglied nehmen muß, um das Hinterglied zu erhalten, oder wie viel mal das Vorderglied in dem Hintergliede enthalten ist, heißt der Zeiger oder Exponent des Verhältnisses.

Der Lehrer lasse die Kinder nun selbst finden, daß das erste Glied der Multiplicandus, der Zeiger der Multiplicator, und das zweite Glied das Produkt ist.

Auf gleiche Weise führe er sie darauf, daß das zweite Glied der Dividendus oder Theilstoff, das erste das Theilmaaß, und der Zeiger der Theilfund oder Quotient ist.

Die Kinder müssen sodann geübt werden, aus dem ersten Gliede und dem Zeiger das zweite, aus dem ersten und zweiten Gliede den Zeiger, und aus dem zweiten Gliede und dem Zeiger das erst

Glied zu finden. Besonders wichtig ist die Aufsuchung des Zeigers, und diese muß daher vor den andern geübt werden, welches nach §. 8 — 11 geschieht.

Wenn das Hinterglied nicht gerade ein Vielfaches der Vordergliedes ist, so ist der Zeiger ein Bruch.

Hier folgen nun Uebungen nach Anleitung des 4ten 5ten 7ten und 9ten §. Das Hinterglied ist allemal dasjenige, was mittelst des Vordergliedes bestimmt werden muß. Den Fragen kann man etwa folgende Form geben:

Fr. Wie verhält sich (Fig. 3) der zweite Strich zum dritten?

Antw. Der dritte Strich ist dreimal die Hälfte (das Zweitel) des zweiten Strichs.

Fr. Wie viel mal muß man also den zweiten Strich nehmen, um den dritten zu erhalten?

Antw. Man muß dreimal die Hälfte (das Zweitel) des zweiten Strichs nehmen, um den dritten Strich zu erhalten. (d. h. man muß ihn $\frac{3}{2}$ mal nehmen)

Fr. Welches ist also der Zeiger des Verhältnisses?

Antw. Der Zeiger des Verhältnisses ist $\frac{3}{2}$.

Eben so ist in dem Verhältnisse

des 5ten Strichs zum 8ten der Zeiger $\frac{8}{5}$

— 7 — — 9 — — $\frac{9}{7}$

— 3 — — 2 — — $\frac{2}{3}$

— 7 — — 4 — — $\frac{4}{7}$ u. s. w.

Aehnliche Fragen gebe der Lehrer über das

Verhältniß eines Stücks zum Ganzen, (nach §. 5).

Die Uebungen des 7ten §. werden hier so behandelt:

Fr. Vom Anfange dieses Strichs bis an den Punkt sind $\frac{2}{3}$ ($\frac{2}{5}$, $\frac{3}{5}$, $\frac{5}{7}$) des ganzen Strichs. Wie verhält sich der erste Theil zum zweiten, und welches ist der Zeiger des Verhältnisses?

Antw. Der zweite Theil ist halb so groß als der erste, und der Zeiger des Verhältnisses ist $\frac{1}{2}$, ($\frac{3}{2}$, $\frac{2}{3}$, $\frac{2}{5}$)

Eben so frägt der Lehrer nach dem Verhältnisse jedes Theils zum Ganzen. Bei den Uebungen des 9ten und 11ten §. läßt er sich das Verhältniß und den Zeiger angeben, und zeigt wie man den Zeiger nach 12 durch Messen findet.

Man bezeichnet ein Verhältniß dadurch, daß man zwischen beide Glieder ein Colon setzt, z. B. Fig. 6, das Verhältniß der beiden Striche a und b bezeichnet man dadurch $a : b$ und liest es: a verhält sich zu b.

Das Zeichen eines Verhältnisses ist also mit dem Divisionszeichen gleich. Der Zeiger desselben, wie wir ihn hier bestimmt haben, ist aber nicht der dadurch angedeutete Quotient $a : b = \frac{a}{b}$, sondern der umgekehrte (reciproke) Werth $\frac{b}{a}$

16.

Gleichheit der Verhältnisse.

Der Lehrer gebe den Kindern mehrere Verhältnisse, welche gleiche Zeiger haben, (z. B. Fig. 3 das Verhältniß des zweiten zum vierten, und das Verhältniß des dritten zum sechsten Strich) und frage, welches das größere sei. Sollten die Kinder das eine Verhältniß für größer halten, als das andere, so mache er sie darauf aufmerksam, daß hier nicht nach der Größe der Striche, sondern nach ihrem Verhältnisse, d. h. nach ihrer Entstehungsart auseinander gefragt werde, und führe sie darauf, daß man dieses aus dem Zeiger erkenne.

Die Gleichheit zweier Verhältnisse besteht in der Gleichheit des Zeigers.

Es kommt dabei auf die Länge der Striche, die zu einem Verhältnisse gehören nicht an, wenn nur der Zeiger derselbe bleibt. Beide Striche können größer oder kleiner werden, ohne daß ihr Verhältniß sich ändert. So ist Fig. 6 das Verhältniß von a zu b gleich mit dem Verhältnisse von c zu d.

Der Lehrer gehe hier mehre Verhältnisse durch, indem er theils aus Fig. 3 und 4 die Beispiele nimmt, theils Striche an die Tafel zeichnet, theils die Verhältnisse von Abmessungen der Gegenstände, die im Schulzimmer befindlich, oder doch im Gedächtnisse der Kinder sind, zusammenstellt. Er lasse die Kinder ferner Striche zeichnen, die in einem leicht übersehbaren Verhältnisse stehen; diese Striche lasse er verdoppeln, verdreifachen u. s. w, und frage ob ihr Verhältniß dasselbe geblieben, wobei er sie auf §. 14 und 1 und 6 verweisen kann. Eben so lasse er von beiden Strichen die Hälfte, den dritten, vierten u. s. w. Theil nehmen. Er wähle hierzu nach und nach auch Stri=

Striche, deren Verhältniß sich nicht so leicht übersehen läßt, und zeige ihnen, daß der Zeiger stets derselbe bleiben müsse.

Ein Verhältniß bleibt dasselbe, wenn man beide Glieder mit derselben Zahl multiplicirt, oder mit derselben Zahl dividirt.

Der Lehrer lasse ferner zwei Striche zuerst in gleich viel Theile theilen, und mache darauf aufmerksam, daß das Verhältniß der Theile (wenn man nämlich auf jedem Striche Einen Theil in Betrachtung zieht) dasselbe geblieben ist, wie das der ganzen Striche. Sodann lasse er beide Theile gleichermal nehmen, und zeige wieder, daß das Verhältniß noch dasselbe ist. Hierzu folgt dann der Satz:

Ein Verhältniß wird nicht geändert wenn man beide Glieder mit einer Zahl multiplicirt, und mit einer andern dividirt.

Die folgenden Erklärungen wird der Lehrer mit mehren Uebungen begleiten müssen, um die darin eingeführten Kunstausdrücke, von denen im Folgenden vielfältig Gebrauch gemacht ist, den Kindern recht geläufig zu machen.

Zwei Striche heißen gleichmaaßig, wenn sie beide durch dasselbe Maaß gemessen, oder in gleich große Theile getheilt sind.

So sind Fig. 3 sämmtliche Striche gleichmaaßig. In Fig. 6 und 7 sind a und b gleichmaaßig; eben so c und d.

Zwei Striche heißen gleichzahlig, wenn sie beide in gleichviel Theile getheilt sind. So sind Fig. 6 und 7 a und c gleichzahlig und eben so b und d.

Man kann das Verhältniß zweier Striche aber nicht bloß mit dem Verhältnisse zweier andern Striche, sondern auch mit dem Verhältnisse jeder zwei andern unter sich gleichartigen Größen vergleichen — z. B. mit dem Verhältniß zweier Zahlen, so ist in Fig. 6 das Verhältniß der beiden Striche a: b gleich dem Verhältnisse der beiden Zahlen 2: 3 — oder mit dem Verhältniß zweier Flächen, Körper, Zeiten, Kräfte, Werthe u. s. w. So verhält sich in Fig. 6 a zu b eben so, wie 2 Stunden zu 3 Stunden, oder wie 2 ℔ zu 3 ℔, oder wie 2 Thaler zu 3 Thaler u. s. w.

17.

Von der Verhältnißgleichung.

Erklärungen.

Wenn man ausdrückt, daß zwei Verhältnisse gleich sind, so nennt man einen solchen Ausdruck eine **Verhältnißgleichung** oder **Proportion**.

Um zwei Verhältnisse als gleich zu bezeichnen, setzt man zwischen beide folgendes Zeichen, (=) welches das *Gleichheitszeichen* heißt. Worin die Gleichheit mehrer Verhältnisse besteht, und woran man sie erkennt ist im vorigen §. gelehrt.

Wenn a und b (Fig. 6) die Glieder des einen, c und d die Glieder des andern, dem ersten gleichen Verhältnisses sind, so bilden sie eine Verhältnißgleichung, und man schreibt diese folgendermaßen:

$$a : b = c : d.$$

Man liest dies: a verhält sich zu b, wie c zu d, oder: das Verhältniß von a zu b ist gleich dem Verhältnisse von c zu d.

Eine solche Verhältnißgleichung hat also 4 Glieder. Das erste und dritte Glied sind die *Vorderglieder*, (§. 15) das zweite und vierte sind die *Hinterglieder*. Wir wollen sie mit einem beide bezeichnenden Namen die *correspondirenden* (entsprechenden) Glieder nennen.

Das erste und vierte Glied heißen die *äußern*, das zweite und dritte heißen die *innern* oder *mittlern* Glieder. Wo wir beide Paare zugleich bezeichnen wollen, wollen wir sie die *symmetrischen* (gleichliegenden?) Glieder nennen.

Eine Verhältnißgleichung, in welcher die beiden mittlern Glieder gleich sind, heißt eine stetige, jede andere eine unterbrochene.

Die hier erklärten Ausdrücke müssen nun durch viele Beispiele eingeübt werden.

Da es zur Gleichheit zweier Verhältnisse nicht erforderlich war, daß die Größen, aus denen die Glieder des einen Verhältnisses bestehen, mit den Größen gleichartig sind, welche die Glieder des andern Verhältnisses ausmachen, so ist dieses auch bei einer Verhältnißgleichung nicht nöthig. Es ist daher (Fig. 6) a: b = 2: 3 oder a: b = 2 ℔: 3 ℔ eine richtige Verhältnißgleichung. Es versteht sich jedoch von selbst, daß bei einer stetigen Verhältnißgleichung alle Glieder gleichartig sein müssen, da es außerdem unmöglich sein würde, daß die mittlern Glieder gleich sein könnten.

18.

Lehrsätze über die Verhältnißgleichung, wenn alle Glieder Größen von derselben Art sind.

Der Lehrer zeichne vier Striche hin, welche verhältnißgleich (proportionirt) sind, und theile sie auf ähnliche Art, wie F. 6 und 7. Er lasse die Kinder nun aufsuchen, welche Glieder gleichmaaßig, welche gleichzählig sind. Sind die Bedingungen des nächstfolgenden Satzes erfüllt, so werden die Kinder leicht finden, daß die Zeiger beider Verhältnisse, also auch die Verhältnisse selbst gleich sein müssen, worin eben der Beweis desselben liegt.

1) **Wenn die Glieder jedes Verhältnisses unter sich gleichmaaßig, die correspondirenden Glieder aber gleichzahlig sind, so ist die Verhältnißgleichung richtig**, denn die Hinterglieder sind alsdann aus ihren Vordergliedern auf völlig gleiche Weise, durch Multiplikation und Division entstanden, und die Exponenten, (§. 15) folglich auch die Verhältnisse gleich.

Beisp. In F. 6 ist a: b = c: d dann die Hinterglieder (b und d) sind aus ihren Vordergliedern (a und c) durch Division mit 2 und durch Multiplikation mit 3 entstanden. Der Exponent beider Verhältnisse ist daher $\frac{3}{2}$.

2) **Wenn die Glieder jedes Verhältnisses unter sich gleichzahlig, die correspondirenden Glieder dagegen gleichmaaßig sind, so ist die Verhältnißgleichung gleichfalls richtig**, denn die Glieder des einen Verhältnisses sind aus den Gliedern des andern durch Multiplikation oder durch Division mit einer und derselben, oder durch Multiplikation mit einer, und Division mit einer andern entstanden, die Verhältnisse daher gleich nach §. 16.

Verhältnisse, in welchen weder die Glieder eines Verhältnisses, noch die correspondirenden Glieder durch dasselbe Maaß meßbar (commensurabel) sind, werden hier noch nicht in Betrachtung gezogen; in allen andern Fällen aber lassen sich je 2 Glieder gleichmaaßig und je 2 gleichzahlig machen.

19.

Versetzung der Glieder einer Verhältnißgleichung.

In einer Verhältnißgleichung kann man die mittlern Glieder vertauschen, und sie bleibt doch richtig.

Waren nämlich die Glieder jedes Verhältnisses gleichzahlig, so werden sie nun gleichmaaßig, waren sie gleichmaaßig, so werden sie nun gleichzahlig, und eben so verhält sichs mit den correspondirenden Gliedern. In beiden Fällen aber bleibt die Verhältnißgleichung richtig.

Beisp. Wenn in F. 6 und 7

a: b - c: d, so ist auch

a: c - b: d.

Eben so, und aus denselben Gründen, kann man auch die äußern Glieder vertauschen.

Ueberhaupt läßt sich aus denselben 4 Gliedern einer Verhältnißgleichung auf achtfache Art eine in sich richtige Verhältnißgleichung bilden, und es ist eine nützliche Uebung für die Kinder dieses zu thun. Außer den unmittelbar vorstehenden würden es in diesem Falle folgende sein:

d: b ⁐ c: a, durch Vertauschung der äußern Glieder aus der ersten.

d: c ⁐ b: a, durch Vertauschung der innern.

$b : a = d : c$, durch Umkehrung der Verhältnisse aus der ersten.

$b : d = a : c$, durch Vertauschung der innern Glieder.

$b : a = d : b$, durch Vertauschung der äußern.

$c : d = a : b$, durch Vertauschung der äußern und innern.

Vier Größen leiden überhaupt 24 Anordnungen, oder, was dasselbe ist, geben 24 Gefolge (Permutationen.) Es werden daher außer den vorstehenden 8 Anordnungen der Glieder a, b, c, d noch 16 andere möglich sein, welche aber nicht nothwendig eine richtige Verhältnißgleichung geben, z. B. $a : d = b : c$ ist unrichtig.

20.

Abgeleitete Verhältnißgleichungen.

Wenn in zwei oder mehr gleichen Verhältnissen die correspondirenden Glieder gleichmaaßig, die Glieder eines jeden Verhältnisses dagegen gleichzahlig sind, so stehen die Summen der correspondirenden Glieder in demselben Verhältniß, denn sie sind auch gleichzahlig.

Beisp. In F. 8 ist: $a : b = c : d = e : f$ und a, c, e sind gleichmaaßig, b, d, f gleichfalls daher ist: $(a + c + e) : (b + d + f) = a : b$.

Der Satz, in der Beschränkung, in welcher er hier aufgestellt ist, genügt, wenn wir blos auf den Gebrauch sehen, den wir in der Geometrie von den Proportionen machen werden. Findet der Lehrer es aber angemessen, dieselben hier etwas vollständiger durchzugehen, so läßt sich der Satz so erweitern:

Wenn zwei oder mehr Verhältnisse gleich sind, so stehen die Summen der correspondirenden Glieder in demselben Verhältniß, und eben das gilt auch von den Unterschieden; denn wenn die correspondirenden Glieder vorher gleichmaaßig waren (F. 8), so bleiben sie es auch in der abgeleiteten Proportion, auch sind die Glieder des abgeleiteten Verhältnisses gleichzahlig, denn sie sind ja die Summen oder Unterschiede gleichzahliger Größen; waren sie dagegen gleichzahlig (F. 6 und 7) so bleiben sie es auch jetzt, und sind unter sich gleichmaaßig, wenn man die Summe oder den Unterschied der einzelnen verschiedenen Theile zum gemeinschaftlichen Maaße macht.

Da man nun die Glieder jeder Verhältnißgleichung wieder auf 8 verschiedene Arten zu einer richtigen Proportion aufstellen, und aus jeder derselben durch Addition und Subtraction der Glieder neue Proportionen herleiten, die hergeleiteten dann abermals wie einfache behandeln kann, so ergiebt sich leicht, daß sich aus jeder Proportion eine unendliche Menge anderer ableiten lassen.

Noch allgemeiner könnte man, unter Voraussetzung gleicher Verhältnisse, die Sätze auch so abfassen.

1) **Die Summen oder Unterschiede der**

gleichmaaßigen Glieder verhalten sich wie zwei gleichzahlige.

2) Die Summen oder Unterschiede der gleichzahligen Glieder verhalten sich wie zwei gleichmaaßige.

Beisp. (F. 6.) 1) $(a + b) : (c + d) = a : c$.
2) $(a + c) : (b + d) = a : b$.

Beide Sätze ließen sich durch Einführung eines neuen Kunstworts auch in einen zusammenziehen, wenn man z. B. die gleichzahligen Glieder, und eben so die gleichmaaßigen, mit einem beide bezeichnenden Ausdrucke, und ohne dabei auf ihre Stellung in der Proportion Rücksicht zu nehmen, etwa die übereinstimmigen Glieder nennen wollte.

Daß hier überall nur von den rationalen Verhältnissen, deren Glieder sich gleichmaaßig machen lassen, die Rede ist, wird man hoffentlich nicht mißbilligen, da die irrationalen sich ohnehin nur im Flusse der Construktion ergreifen lassen, bei Verhältnissen Linien aber doch eigentlich nur in Hinsicht auf ihre Zahlenwerthe betrachtet werden. Uebrigens wird man leicht bemerken, daß auch hier eine Irrationalität zwischen den gleichzahligen Gliedern ohne Nachtheil für die Darstellung statt finden kann.

Es könnte vielleicht auch nützlich sein, die beiden Arten der Aufstellung einer Proportion Fig. 6 und Fig. 8 zu unterscheiden, und jene, bei welcher die gleichmaaßigen Glieder in ein Verhältniß kommen, die arithmetische, (wobei man aber nicht an die gewöhnlich so genannte arithmetische Proportion denken darf), diese, bei welcher die gleichzahligen Glieder in ein Verhältniß zusammentreten, die geometrische Aufstellung zu nennen. Bei jener springen nämlich die Exponenten, d. h. die Zahlverhältnisse mehr in die Augen; bei dieser tritt dagegen die Verhältnißgleichheit in allen Zeichnungen, die nach verjüngtem Maaßstabe gemacht sind, mehr hervor.

Ebene räumliche
Größenlehre.

Eben räumliche Größenlehre.

L. Wiederholt mir kurz, welche Gegenstände ihr in der räumlichen Verbindungslehre kennen gelernt habt.

Kr. Punkte, Linien, (gleichlaufende und ungleichlaufende,) Strahlen oder Schenkel, Winkel, (stetige, Nebenwinkel, Scheitelwinkel, gleichliegende, entgegengesetzte, Wechselswinkel,) Strecken oder Seiten, geradlinige Figuren, (Dreiecke, Vierecke, Fünfecke,) Kreise u. s. w.

L. Auf diese Gegenstände sind wir durch bloße Verbindung ungleichlaufender und gleichlaufender Linien, und deren Schwenkung gekommen. Wir haben dabei auf weiter nichts als auf ihre Verbindung, Lage und Zahl gesehen. Jetzt wollen wir untersuchen, was wir über die Größe derselben erlernen können.

Anm. Der Lehrer kann im Folgenden die Construktion entweder blos im Kopfe machen lassen, oder den Kindern auch verstatten, die Zeichnung auf der Tafel zu Hülfe zu nehmen. Wo das letztere nothwendig oder vortheilhaft schien, ist es größtentheils bemerkt worden. Im Allgemeinen ist nicht zu vergessen, daß das Construiren im Kopfe bildender, und daher überall vorzuziehen ist, wo nicht besondere Gründe für das Gegentheil sprechen. — Uebrigens muß er die Kinder hier sogleich darauf aufmerksam machen, daß hier überall nur von solchen Construktionen (Zeichnungen) die Rede sei, welche in einer und derselben ebnen Fläche vorgenommen werden können. Eine ebene Fläche oder Ebene ist aber eine solche, in welcher zwischen jeden 2 Punkten eine gerade Linie gezogen werden kann, welche ganz in die Fläche fällt.

1.

Punkte.

L. Zeichnet 2 gleich große Punkte.

L. Müssen alle Punkte gleich groß sein?

Ein Punkt hat gar keine Größe, sondern blos eine Stelle. Kr. w.

L. Der Töpfel, den ihr als Zeichen eines Punktes macht, kann allerdings größer oder kleiner sein; das, was er vorstellt, ist aber ohne alle Ausdehnung. Ueber die Größe der Punkte läßt sich daher nichts erkennen.

2.

Linien.

L. Zeichnet 2 gerade Striche.

L. Stellet euch vor aus diesen Strichen würden

Linien; was müßt ihr hinzu — was wegdenken? (Vergleiche Th. 1. S. 53 und 54.)

L. Sind die beiden Linien gleich groß, oder ungleich? Eine Linie hat weder Breite noch Dicke; ihre Länge ist dagegen ohne Ende. Kr. w.

L. Ueber die Größe der Linien läßt sich nichts weiter erkennen. — Linien lassen sich ihrer Größe nach nicht mit einander vergleichen.

3.

Strahlen oder Schenkel.

L. Denkt euch eine gerade Linie. R.

L. In derselben irgend wo einen Punkt. R.

L. In wieviel Theile wird die Linie dadurch getheilt?

L. Wie heißt jeder Theil der Linie? — Ein Strahl

L. Welcher von beiden Strahlen ist der größere? Ein Strahl hat, so wie eine Linie, weder Breite noch Dicke; seiner, Länge nach ist er zwar auf der einen Seite begrenzt, auf der andern aber ohne Ende. Kr. w.

L. Ueber die Größe der Strahlen läßt sich weiter nichts erkennen. — Strahlen lassen sich ihrer Größe nach nicht mit einander vergleichen.

4.

Winkel.

L. Zeichnet 2 Winkel.

L. Müssen die beiden Winkel, welche ihr gezeichnet habt, gleich, oder können sie ungleich groß sein? (Vergl. Th. 1. §. 11.)

Der Lehrer zeichnet 2 Winkel an die Tafel.

L. Welcher von diesen beiden Winkeln ist der größere?

L. Läßt sich also über die Größe der Winkel etwas erkennen? — Oder lassen sich 2 Winkel ihrer Größe nach mit einander vergleichen?

Erster Abschnitt.

Größenlehre der Winkel.

5.

Worin die Größe eines Winkels besteht.

L. Um den Winkel seiner Größe nach nun genauer kennen zu lernen, wollen wir uns die Entstehung eines Winkels und seine allmähliche Zunahme vorstellen.

L. Zeichnet einen Punkt.

L. Von diesem Punkte aus zeichnet nach der rechten Seite einen wagerechten Strich.

L. Von demselben Punkte aus zeichnet nach der-

sel-

selben Seite einen 2ten wagerechten Strich über dem ersten.

L. Könnt ihr beide Striche jetzt von einander unterscheiden?

L. Stellt euch vor, der 2te wagerechte Strich schwenkte sich in der Ebene der Tafel um den zuerst gesetzten Punkt sehr wenig nach oben, und zeichnet ihn in dieser Lage.

L. Sind jetzt beide Striche gleich gerichtet, oder weichen sie in ihrer Richtung von einander ab?

L. Was bilden jetzt beide Striche mit einander?

Kr. Beide Striche bilden einen Winkel mit einander.

L. Stellt euch vor, es schwenkte sich derselbe Strich um denselben Punkt etwas weiter nach oben, und zeichnet ihn in dieser Lage (nachdem er in der vorigen wieder ausgelöscht ist.)

L. Ist der Unterschied in der Richtung beider Striche größer oder kleiner geworden?

L. Was ist dem Winkel wiederfahren? ist er größer oder kleiner geworden?

L. Stellt ihr euch also vor, der 2te Strich schwenkte sich in der Ebene der Tafel immer weiter und weiter um den Punkt herum, so würde der Unterschied in der Richtung beider Striche, d. h. der Winkel immer größer und größer werden, bis er endlich sein Größtes erreicht hat, welches kurz vorher geschieht, ehe die beiden Striche von dem zuerst gesetzten Puncte aus gerade entgegensetzt gerichtet sind.

Der Lehrer zeigt das letztere, indem er eine weiße Schnur über dem ersten Strich an der Schultafel hält, und dieselbe so, daß sie immer ausgespannt bleibt, um den zuerst gesetzten Punkt herumschwenkt.
(Vergl. Verbindungslehre §. 11 F. 14)

L. Stellt euch jetzt eine wagerechte Ebene vor.

„ In derselben denkt einen Punkt.

„ Von diesem Punkte anfangend denkt euch eine rechts gehende gerade Linie. — Diese ist also was? — Ein Strahl.

„ Von demselben Anfangspunkte denkt euch über dem ersten in derselben Ebene noch einen 2ten Strahl.

„ Stellt euch vor, dieser 2te Strahl schwenkte sich um seinen Anfangspunkt allmählig immer weiter nach vorwärts hin, ohne die wagerechte Ebene zu verlassen.

„ Wie waren beide Strahlen vor der Schwenkung gerichtet, gleich oder ungleich?

„ Nahm der Unterschied in der Richtung während der Umschwenkung zu, oder ab?

„ Wie veränderte sich der Winkel während der Schwenkung, und bis wie weit nahm derselbe zu?

Kr. Der Winkel war anfangs klein, nahm aber nach und nach zu, und wurde am größten kurz vorher, ehe beide Schenkel desselben die entgegengesetzte Richtung hatten.

L. Worin besteht also die Größe eines Winkels? Die Größe eines Winkels besteht in der Abweichung der Schenkel ihrer Richtung nach.

L. In welchem Falle sind zwei Winkel gleich? Zwei Winkel sind gleich, wenn sich der erzeugende Strahl in beiden gleich viel geschwenkt hat.

L. Stellet euch den Weg vor, den der 2te Strahl während seiner Schwenkung durchlief.

„ Ist dieser Weg eine Linie? — Es ist eine Fläche.

„ Ist diese Fläche von allen Seiten begrenzt?

„ Von wie vielen Seiten ist sie begrenzt? — Von den beiden Strahlen oder Schenkeln.

„ Hat diese Fläche auch zwischen den beiden Schenkeln hinaus irgendwo ein Ende?

Diese Fläche, welche zwischen den Schenkeln des Winkels unendlich weit fortgeht wird durch die Bildung (Construktion) des Winkels erzeugt und bestimmt, und wächst und nimmt ab, wie der Winkel selbst.

Da jedes Stück einer geraden Linie dieselbe Richtung hat, wie die ganze, so muß auch der Unterschied in der Richtung zweier solcher Stücken eben so groß sein, als wenn man sich beide vom Scheitelpunkte aus zu Strahlen verlängert denkt. Die Schenkel eines Winkels können daher eben sowohl Strecken sein, als Strahlen, so wie überhaupt von der Länge des Schenkels die Größe des Winkels gar nicht abhängt.

6.

Vergleichung der Winkel ohne Rücksicht auf ihre Lage.

L. Bildet 2 Winkel.

» Hast du beide Winkel gleich groß oder ungleich groß gemacht? du? du?

» Einige von euch haben den Winkel gleich, andre ungleich groß gemacht; wie können sich also 2 Winkel in Rücksicht ihrer Größe verhalten?

Kr. 2 Winkel können entweder gleich groß, oder ungleich groß sein.

L. Seht was 3 Winkel in Rücksicht ihrer Größe sein können?

Kr. 3 Winkel können entweder alle gleich oder es können 2 gleich und Einer ungleich, oder es können alle 3 ungleich sein.

L. Seht wie sich 4 Winkel in Rücksicht ihrer Größe verhalten können?

» Eben so bei mehr Winkeln.

Einige Fragen.

4 Winkel haben zweierlei Größe; wie viele sind gleich, wie viele sind ungleich?

Antw. Wenn 4 Winkel zweierlei Größe haben, so sind entweder 3 gleich und Einer ungleich oder 2 gleich und wieder 2 gleich, aber mit den vorigen ungleich.

Wenn 8 Winkel dreierlei Größe haben, wie viele von jeder Größe giebt es dann?

Antw. 6. 1. 1.
5. 2. 1.
4. 2. 2.
4. 3. 1.
3. 3. 2.

Wie vielerlei Größe können 6 Winkel überhaupt haben? (Vergl. Th. 1. S. 60.)

Es ist wichtig, die Kinder in dem Urtheile über die Größe der Winkel recht geläufig zu machen, und insbesondere sie davor zu bewahren, daß sie dieselbe nicht in der Länge der Schenkel setzen. Der Lehrer zeichne ihnen deshalb mehre Winkel vor, und verlängere oder verkürze die Schenkel, oder lasse den einen Schenkel sich in der Ebene der Tafel um den Scheitelpunkt drehen, und frage jedesmal, was dem Winkel widerfahren sei.

Ueber die Bezeichnung eines Winkels vergleiche man Verbindungslehre §. 11. Um die Bezeichnung eines Winkels von der eines Dreiecks zu unterscheiden, setzt man das Zeichen ($<$) davor. So würde $<$ abc (F. 20) den innern Winkel des Dreiecks bezeichnen, dessen Scheitelpunkt in b ist. Dagegen bezeichnet $\triangle$ abc das Dreieck.

Gegenseitige Bestimmungen zwischen Winkelgröße und Lage der Linien.

Erste Abtheilung.

Winkel an Einem Punkte.

7.

Stetige Winkel um einen Punkt. Rechte, spitze, stumpfe Winkel.

Der Lehrer lasse nach Verbindungslehre §. 19 und 20 stetige Winkel zeichnen.

Stellt man sich vor, der eine von den äußersten Strahlen, wie pa (F. 9) schwenkte sich um den gemeinsamen Punkt bis er durch die Lagen pb, pc, pd in die Lage pe kommt, so ist deutlich, daß durch denselben die sämmtlichen stetigen Winkel nach und nach erzeugt (construirt) sind.

Auf gleiche Weise lasse er nun in Gedanken in einer wagerechten oder senkrechten Ebene stetige Winkel zeichnen, und sie durch Schwenkung eines Strahls nach einander erzeugen. Er wird dann keine Schwierigkeiten finden, ihnen die folgenden Sätze deutlich zu machen:

Stetige Winkel werden nach einander erzeugt durch die Schwenkung eines Strahles um den gemeinsamen Punkt.

1) Stetige Winkel um einen Punkt (Verbin-

dungslehre F. 17) werden nach einander erzeugt durch eine ganze Umschwenkung eines Strahls. (Ein Strahl hat nämlich eine ganze Umschwenkung gemacht, wenn er wieder bis in seine vorige Lage gekommen ist.)

Nach 5 wird die Größe des Winkels durch die Schwenkung des erzeugenden Strahls bestimmt; ein Strahl, welcher eine ganze Umschwenkung macht, schwenkt sich immer gleich viel, welches auch der Punkt sei, um welchen die Umschwenkung geschieht, und welches die Ebene sei, in welcher man ihn sich schwenken läßt. — Es ist nämlich die Construktion (Erzeugung) jedesmal ganz dieselbe, nur daß sie an einem andern Orte geschieht.

2) Die stetigen Winkel um einen Punkte zusammengenommen, sind daher so groß, als die stetigen Winkel um einen andern Punkt zusammengenommen.

Liegen nun um einen Punkt 3, 4, 5 gleiche Winkel stetig herum, so ist jeder der 3te 4te 5te Theil einer ganzen Umschwenkung, und seiner Größe nach völlig bestimmt. (Uebung an wahren Beispielen.)

3) Liegen 4 gleiche Winkel stetig um einen Punkt, so wird jeder ein rechter Winkel, oder kurz ein Rechter genannt. (F. 10.)

Ein rechter Winkel, (als erzeugt durch den 4ten Theil einer ganzen Umschwenkung) ist seiner Größe nach völlig bestimmt, oder

4) alle rechte Winkel sind gleich groß. Von einem Punkte in einer g. L. kann daher nur Eine g. L. gezogen werden, welche mit ihr rechte Winkel bildet.

5) Die stetigen Winkel um einen Punkt sind zusammengenommen so groß als 4 Rechte, da sie durch eine ganze Umschwenkung erzeugt sind.

6) Winkel, welche nach einander durch die ganze Umschwenkung eines Strahls erzeugt werden, sind zusammengenommen so groß als 4 Rechte. Winkel, welche nach einander durch die halbe Umschwenkung eines Strahls erzeugt sind, sind zusammengenommen so groß als 2 Rechte.

7) Ein Winkel, welcher kleiner ist, als ein Rechter, heißt ein spitzer; ein Winkel, welcher größer ist, als ein Rechter, heißt ein stumpfer. Spitze und stumpfe Winkel werden im Gegensatze gegen den Rechten auch schiefe genannt.

Uebungen und Fragen.

Der Lehrer zeichne mehre Winkel an die Schultafel, und lasse die Kinder bestimmen, ob es rechte, spitze oder stumpfe Winkel sind. — Sodann lasse er die Kinder rechte, spitze und stumpfe Winkel zeichnen, und sehe nach.

Ein rechts gerichteter und ein rechts aufwärts gerichteter Strahl bildet was für einen Winkel? — Ein gerade aufwärts gerichteter Strahl bildet was für einen Winkel? — Aufsuchung der rechten Winkel in den Gegenständen, welche die Kinder umgeben. Das Fensterkreuz, oder zwei einander durchschneidende Fenstersprossen u. s. w.

Wenn 3, 4, 5 gleiche Winkel stetig um einen Punkt liegen, so sind es was für welche?

8.

Stetige Winkel an einer geraden Linie; Nebenwinkel, andere stetige Winkel.

Der Lehrer lasse nun stetige Winkel an einer geraden Linie zeichnen, und dieselben durch Schwenkung eines der äußersten Strahlen erzeugen; er frage nun der wievielste Theil der ganzen Umschwenkung zu dieser Erzeugung erforderlich sei. (F. 11.)

1) Stetige Winkel an einer g. L. werden nach einander erzeugt durch die halbe Umschwenkung eines Strahls.

Die Schwenkung des Strahls ist nämlich auf der einen Seite der g. L. ganz die nämliche wie auf der andern, oder die Schwenkung des Strahls ist auf beiden Seiten der g. L. völlig gleich bestimmt. (Die erzeugten Winkel sind deckend.)

2) Die stetigen Winkel an einer geraden Linie sind zusammengenommen so groß als 2 Rechte. Da nämlich die ganze Umschwenkung 4 Rechte erzeugt, so wird die halbe Umschwenkung 2 Rechte hervorbringen müssen.

Da Nebenwinkel stetige Winkel an einer g. L. sind (Verbindungslehre 21) so folgt:

3) Nebenwinkel sind zusammengenommen so groß als 2 Rechte.

Gesetzt die Nebenwinkel wären gleich, wie groß müßte jeder sein?

4) Nebenwinkel, welche gleich sind, sind Rechte,

Von 2 Nebenwinkeln ist der Eine ein Rechter, wie groß muß der andere sein?

5) Der Nebenwinkel eines Rechten ist auch ein Rechter.

6) Wenn eine g. L. mit einer andern rechte Winkel bildet, so sagt man sie stehe senkrecht, lothrecht oder perpendiculär auf derselben. Eine g. L. auf eine andre senkrecht ziehen nennt man ein Perpendikel oder Loth auf dieselbe fällen.

Gesetzt die Nebenwinkel wären ungleich, wie groß müßte jeder sein? (F. 12.)

Der eine müßte größer als ein Rechter, d. h. ein stumpfer, der andre kleiner als ein Rechter, d. h. ein sp tzer sein.

Nebenwinkel, welche ungleich sind, sind schiefe. Der Nebenwinkel eines spitzen Winkels ist ein stumpfer, der Nebenwinkel eines stumpfen ist ein spitzer.

Der Lehrer lasse stetige Winkel eines Winkels zeichnen, (F. 9) und sie durch Schwenkung eines Strahls nach einander erzeugen.

8) Stetige Winkel eines Winkels werden nach

einander erzeugt durch eine Schwenkung, die weniger als die halbe Umschwenkung beträgt.

9) Die stetigen Winkel eines Winkels sind zusammengenommen so groß, als der Winkel, zwischen dessen Schenkeln sie liegen, und kleiner als 2 Rechte.

Eben so mit stetigen Winkeln um einen Winkel.

10) Stetige Winkel um einen Winkel werden nach einander erzeugt durch eine Schwenkung, welche mehr als die halbe Umschwenkung beträgt. (F. 13)

11) Die stetigen Winkel um einen Winkel ergänzen den Winkel, um welchen sie liegen, zu 4 Rechten; sie sind zusammengenommen größer als 2 Rechte, und kleiner als 4 Rechte.

9.

Umkehrung der vorigen Sätze.

Der durch den 4ten Theil der Umschwenkung erzeugte Winkel wurde ein Rechter genannt. Wenn ein Strahl also 4 rechte Winkel stetig nach einander erzeugt hat, so hat er 4 Winkel, d. h. eine ganze Umschwenkung gemacht. Hat er 2 rechte Winkel stetig erzeugt, so hat er eine halbe Umschwenkung gemacht, (der erzeugte Winkel deckt seine Ergänzungswinkel) und bildet daher in seiner anfänglichen und endlichen Richtung eine g. L. Hieraus folgt:

1) Stetige Winkel, welche zusammengenom-

men so groß als 4 Rechte sind, sind stetige Winkel um einen Punkt.

2) Stetige Winkel, welche zusammengenommen kleiner als 4 Rechte, aber größer als 2 Rechte sind, sind stetige Winkel um einen Winkel.

3) Stetige Winkel, welche zusammengenommen so groß als 2 Rechte sind, sind stetige Winkel an einer g. L.

4) Zwei stetige Winkel, welche zusammengenommen so groß als 2 Rechte sind, sind Nebenwinkel.

5) Zwei Winkel, mit gemeinsamen Scheitelpunkt, und an einer g. L. liegend, liegen stetig an einander (haben einen gemeinschaftlichen Schenkel) und sind daher Nebenwinkel, wenn sie zusammen 2 Rechte betragen.

6) Stetige. Winkel, welche zusammengenommen kleiner als 2 Rechte sind, sind stetige Winkel eines Winkels.

10.

Scheitelwinkel.

Der Lehrer lasse zuerst auf der Tafel, und dann in Gedanken 2 gerade Linien durch einen Punkt zeichnen, welche einander decken, und lasse dann die eine sich um diesen Punkt schwenken. (F. 14) Die beiden durch die Schwenkung erzeugten (construirten) Winkel sind Scheitelwinkel. (Verbindungslehre §. 21)

Welcher von den beiden Strahlen, aus denen die sich schwenkende g. L. besteht hat sich nun weiter geschwenkt, der oberer oder der untere?

Werden die beiden Strahlen, aus denen eine g. L. besteht, sich immer gleich weit schenken müssen, wenn letzterer sich schwenkt?

Welche Winkel müssen daher nothwendig einander gleich sein?

1. Scheitelwinkel werden zugleich erzeugt, wenn sich eine g. L. um einen Punkt schwenkt.

2. **Scheitelwinkel sind einander gleich.**

[Sätze, welche sich so unmittelbar wie dieser aus einer richtig angeordneten Construction ergeben, muß man den ersten **Anfängern** nicht erweisen wollen. Sie werden dadurch nur verwirrt; denn einmal fühlen sie das Bedürfniß eines Beweises bei ihnen nicht, und dann begreifen sie die Einheit des Schlusses, so fern er aus verschiedenen mit einander verbundenen Sätzen besteht, noch nicht so vollständig, daß daraus eine Evidenz hervorgehen sollte, welche die der geordneten Anschauung überträfe. Erst wenn das Bedürfniß eines Beweises eintritt mache man von ihnen Gebrauch, und sie werden dann besser verstanden werden. Ganz anders verhält sich die Sache, wenn von einem eigentlich wissenschaftlichen Unterrichte die Rede ist, der aber eine größere Reife des Verstandes erfordert, als hier voraus gesetzt wird.]

Der vorstehende Satz läßt sich auch umkehren, und lautet dann so:

3. **Wenn zwei Winkel mit gemeinschaftlichem Scheitelpunkt an den entge-**

gengesetzten Strahlen einer g. L. auf verschiedenen Seiten liegen, und einander gleich sind, so sind es Scheitelwinkel.

Construirt man sie nämlich durch die Schwenkung der gegebenen g. L., so werden sich ihre entgegengesetzten Strahlen gleich viel schwenken, folglich am Ende der Schwenkung wieder in gerader Linie liegen müssen.

11.

Anwendung der allgemeinen Größenlehre auf den Winkel. Gebräuchliches Maaß derselben.

Es wird den Kindern nun hinlänglich deutlich geworden sein, wie die Größe eines Winkels zu beurtheilen sei. Man könnte daher die allgemeine Größenlehre nun auch auf die Winkel anwenden wie dieses in den Vorübungen in Beziehung auf die Länge geschehen ist. Hierbei ist nur zu bemerken, daß der durch Zusammenziehen oder Addiren, und eben so der durch Multipliciren (Verösften) entstehende Winkel nicht größer als 2 Rechte werden darf. *) Der Lehrer wird indeß wohlthun, hiermit nicht weiter zu gehen, als erforderlich ist, um alles bisher gelehrte, insbesondere aber die Beurtheilung der Winkelgröße den Kindern recht geläufig zu machen. Es mögen hier einige Hauptgegenstände jenen Uebungen folgen.

*) Man kann allerdings das Erzeugniß einer Schwenkung, welche die halbe, ja selbst die ganze Umschwenkung übertrifft, noch als einen Winkel ansehen; es schien indeß angemessen, Winkel dieser Art hier noch gänzlich aus zu schließen.

Wenn man mehre Winkel stetig aneinander legt, so ist der Winkel, welcher sie alle in sich faßt, die Summe, oder das Gesammt derselben. Legt man (F. 9) apb, bpc, cpd, dpe stetig aneinander, so ist ape ihre Summe, nämlich:

$$ape = apb + bpc + cpb + dpe$$

Legt man einen Winkel stetig in einen andern, so ist der zweite stetige Winkel der Unterschied des ganzen Winkels, und des stetig in denselben hineingelegten. — Legt man z. B. in den Winkel ape den Winkel apb stetig hinein, so ist bpe der Unterschied, nämlich

$$bpe = ape - apb.$$

Ist ape ein Rechter, so nennt man den Unterschied gewöhnlich den Ergänzungswinkel zum Rechten, oder schlechthin die Ergänzung (das Complement) So ist bpe die Ergänzung von apb zum Rechten.

Wenn die Winkel welche stetig aneinander gelegt werden, gleich sind, so ist der Winkel, welcher sie alle in sich faßt, das Product derselben. Sind (F. 9) apb, bpc, cpd, dpe einander gleich, so ist ape ein Product derselben, nämlich ape = 4 apb.

Man kann einen Winkel auch in eine willkührliche Anzahl gleicher Theile nach dem Augenmaaße eintheilen. Es entstehen dadurch lauter gleiche stetige Winkel, von denen ein jeder der Quotient, oder Theilfund ist. So ist ape in 4 gleiche

Theile getheilt. Ein solcher Theil, z. B. apb ist der Quotient, nämlich: apb $= \frac{ape}{4}$.

Man kann den Winkel aber auch mittelst eines andern Winkels theilen, oder ihn damit messen. Soll ape mit apb als Maaß gemessen werden, so ist der Quotient 4, nämlich: $\frac{ape}{apb} = 4$.

Zum Maaße der Winkel hat man den Rechten gewählt, welcher dadurch, daß er durch den 4ten Theil einer Umschwenkung erzeugt wird, völlig bestimmt, und also nicht in dem Sinne wie das Längenmaaß willkührlich ist. (Vorüb. §. 12) — Da der Rechte einen andern Winkel, wenn derselbe nicht auch ein Rechter ist, niemals vollständig ausmißt, so theilt man ihn in 90 gleiche Theile, welche Grade genannt werden. Sollte auch der Grad einen Winkel nicht vollständig ausmessen, so theilt man ihn in 60 gleiche Theile, welche Minuten, und die Minute wieder in 60 gleiche Theile, welche Secunden heißen. Eine solche Secunde ist dann schon so klein, daß sie auf den meisten Instrumenten gar nicht mehr wahrgenommen werden kann. Ein Winkel enthält 50 Grad, heißt daher: der 90ste Theil eines Rechten ist 50 mahl in demselben enthalten. Man schreibt gewöhnlich 50°, 65°, statt 50 Grad, 65 Grad; 23° 27' 44" heißt: 23 Grad 27 Min. 44 Sec.

12.

Uebungen und Aufgaben zum Vorigen.

Den hier anzustellenden Uebungen läßt sich schon eine sehr große Mannigfaltigkeit geben.

Zu-

Zunächst gehören hierher Uebungen des Augenmaaßes mit besonderer Berücksichtigung des Rechten, als des wahren Winkelmaaßes. Der Lehrer zeichne rechte Winkel in verschiedenen Lagen an die Schultafel, und lasse die Kinder beurtheilen, ob sie richtig gerathen, oder zu groß oder zu klein geworden sind. Er lasse sodann von den Kindern rechte Winkel auf ihre Schiefertafeln zeichnen, zuerst durch eine senkrechte und wagerechte (die mit den Rändern der Tafel gleichlaufend sind) dann durch 2 schräge Linien gebildet, sehe nach, und verbessere. Das Auge gelangt bald dahin rechte Winkel, die sich ihm überall darbieten, mit großer Schärfe zu beurtheilen. Hierauf kann er den rechten Winkel in 2, 4, 8; 3, 6, 9 rc. gleiche Theile theilen lassen, wie in der Vorübung §. 5 und 6.

Hiermit läßt sich die Beurtheilung anderer Winkel in ihrem Verhältniß zum Rechten, theils unmittelbar, theils mittelst des Grades verbinden, und dann ähnliche Uebungen wie Vorübung § 7 anschließen, z. B. Ein Winkel ist $\frac{1}{2}$, $\frac{2}{3}$, $\frac{2}{5}$, $\frac{4}{7}$ eines Rechten, wie groß ist sein Ergänzungswinkel? — $\frac{1}{2}$, $\frac{1}{3}$, $\frac{3}{5}$, $\frac{3}{7}$ R.

Aufl. der letzten Aufgabe (F. 15.) Um Siebentel zu erhalten, müssen wir den ganzen Winkel in 7 gleiche Theile theilen. Solcher Theile enthält a, 4 folglich kommen für b, seine Ergänzungswinkel noch 3 solcher Theile, d. h. 3 Siebentel.

Fr. Ein Winkel hat 30, 50, 45, 57 Grad, wie groß ist sein Ergänzungswinkel? — 60, 40, 45, 33 Grad.

Fr. Ein Winkel (a Fig. 12) ist $\frac{2}{3}$ eines Rechten, wie groß ist (b,) sein Nebenwinkel?

A. Wenn ein Winkel $\frac{2}{3}$ eines Rechten ist, so ist sein Nebenwinkel $\frac{4}{3}$ eines Rechten, oder 1 Rechter und $\frac{1}{3}$ eines Rechten.

Aufl. Um Drittel zu erhalten muß ein Rechter in

3 gleiche Theile getheilt werden. Solcher Theile enthalten Nebenwinkel 6, da sie so groß sind, als 2 Rechte. Wenn nun ein Winkel 2 dieser Theile enthält, so kommen für seinen Nebenwinkel noch 4, nämlich $\frac{4}{3}$ eines Rechten.

Ist ein Winkel $\frac{1}{2}$, $\frac{1}{3}$, $\frac{3}{4}$, $\frac{3}{5}$, $\frac{3}{7}$, $\frac{4}{7}$ e. R. so ist sein Nebenwinkel $\frac{3}{2}$, $\frac{5}{3}$, $\frac{5}{4}$, $\frac{7}{5}$, $\frac{11}{7}$, $\frac{10}{7}$ eines Rechten.

Hat ein Winkel 70, 100, 35, 152 Grad, so hat sein Nebenwinkel 110, 80, 145, 28 Grad, denn Nebenwinkel sind so groß als 2 Rechte oder als 180°.

Ein Winkel ist $\frac{1}{2}$, $\frac{1}{3}$, $\frac{1}{4}$, $\frac{1}{5}$ seines Nebenwinkels was ist jeder von ihnen für ein Theil des Rechten?

Wieviel Grad enthält jeder von ihnen?

Ist ein Winkel $\frac{3}{5}$, $\frac{3}{7}$, $\frac{5}{7}$, $\frac{5}{4}$ seines Nebenwinkels, so ist er $\frac{3}{4}$, $\frac{3}{5}$, $\frac{5}{6}$, $\frac{5}{4}$ e. R., und der Nebenwinkel ist $\frac{5}{4}$, $\frac{7}{5}$, $\frac{7}{6}$, $\frac{3}{4}$ eines Rechten.

Aufl. der letzten Aufg. Ist b (F. 12.) $\frac{5}{3}$ von a, so muß ich a um Drittel davon zu erhalten, in 3 gleiche Theile theilen. Solcher Theile enthält b 5, beide Nebenwinkel enthalten daher 8, und da sie 2 Rechte betragen, so enthält jeder Rechte 4 gleiche Theile. Jeder von den gleichen Theilen ist also ein Viertel eines Rechten, und folglich enthält b $\frac{5}{4}$ und a $\frac{3}{4}$ eines Rechten.

Ist die Zahl der Theile keine gerade, so muß man jeden Theil wieder halbiren lassen; z. B. wenn a $\frac{2}{3}$ von b ist, so ist a $\frac{4}{5}$ und b $\frac{6}{5}$ eines Rechten.

(Man vergleiche hier Vorübung §. 7 am Ende.)

Wieviel Grad enthalten Nebenwinkel an einer g. L. zusammengenommen? — Wieviel stetige Winkel um einen Punkt?

Die folgende Uebung könnte als Gegenstand einer schriftlichen Bearbeitung benutzt werden, nachdem sie von dem Lehrer gehörig eingeleitet ist. Es leidet wenigstens kein Bedenken, daß die Schüler die Verbindungen (Combinationen) selbst machen, und die daraus hergeleiteten Wahrheiten selbst finden können, wenn sie das Bisherige richtig verstanden haben.

Wenn sich 3 gerade Striche (eigentlich Strecken, die hier die Stelle der Linien und Strahlen vertreten sollen) in einem Punkte vereinigen, so können sie 2, 3, 4, 5, oder 6 Winkel bilden.

Bilden 3 gerade Striche in Einem Punkte 2 Winkel, so können diese entweder gleich, oder ungleich sein. Sie können zusammengenommen gleich einem Rechten, oder kleiner, oder größer, müssen aber kleiner als 2 Rechte sein.

Bilden 3 gerade Striche in Einem Punkte 3 Winkel, so müssen diese zusammen entweder so groß als 2 Rechte, oder so groß als 4 Rechte sein. — Sind sie im 1sten Falle gleich, so ist jeder $\frac{2}{3}$ e. R. oder 60°. Sind sie im 2ten Falle gleich so ist jeder $\frac{4}{3}$ e. R. oder 120°.

Bilden 3 gerade Striche in Einem Punkte 4 Winkel, so betragen diese zusammengenommen 4 Rechte. Sie können aber nicht alle 4 gleich groß sein, sondern höchstens 2 gleich, und wieder 2 gleich. Sind 2 Rechte, so ist von den beiden übrigen der eine ein spitzer, der andere ein stumpfer.

Bilden 3 g. L. 5 Winkel, so betragen sie zusammen immer 4 Rechte. Alle 5 Winkel können nicht gleich sein. Sind 4 davon gleich, so ist jeder $\frac{2}{3}$ e. R. der ungleiche aber ist $\frac{4}{3}$ e. R. — Sind 3 gleich, so ist entweder jeder von ihnen ein spitzer oder ein Rechter. Sind die 3 gleichen Winkel spitze, so ist von den ungleichen der eine nothwendig ein stumpfer, der andere aber kann ein Rechter, spitzer oder stumpfer Winkel sein. — Sind die 3 gleichen Winkel aber Rechte, so betragen die beiden übrigen zusammengenommen auch einen Rechten, und können unter sich entweder gleich oder ungleich sein. Im ersten Fall ist jeder ein halber Rechter. — Auch können 2 gleich, die andern ungleich sein. u. s. w.

Wenn 3 gerade Linien 6 Winkel bilden, so sind alle zusammengenommen so groß als 4 Rechte. Sie können entweder alle 6 gleich, oder 4 gleich und wieder 2 gleich, oder je 2 gleich sein. — Sind alle 6 gleich, so ist jeder der 6te Theil von 4 Rechten, d. h. $\frac{2}{3}$ e. R. oder 60°. — Sind 4 gleich und wieder 2 gleich, so können die ersteren nur spitze, die letztern aber entweder Rechte — dann ist jeder von den 4 gleichen $\frac{1}{2}$ R., — oder spitze — dann ist jeder von den 4 gleichen größer als $\frac{1}{2}$ R. — oder stumpfe Winkel sein — dann ist jeder von den 4 gleichen kleiner als $\frac{1}{2}$ R. — Sind je 2 gleich, so können nur Ein Paar Rechte oder stumpfe Winkel sein. — Die übrigen sind nothwendig spitze; es können aber auch alle 6 spitze Winkel sein.

Zweite Abtheilung.

Winkel an 2 Punkten.

13.

Bestimmung der Größe der Winkel aus der Lage der Linien.

Wir haben bisher nur von solchen Winkeln Größenbestimmungen gehabt, welche an Einem Punkte liegen. Jetzt wollen wir zu Größenbestimmungen derjenigen Winkel übergehn, die an 2 Punkten liegen.

Um 2 Durchschnittspunkte zu erhalten müssen (nach Verbindungslehre §. 3) wenigstens 3 g. L. vorhanden sein. Von diesen können entweder 2 gleichlaufend und Eine ungleichlaufend, oder es können alle 3 ungleichlaufend sein. Der im letztern Falle entstehende 3te Punkt wird hier nicht berücksichtigt.

Die Winkel, deren Größe hier durch einander bestimmt werden soll, müssen nun eine solche Lage haben daß der eine an dem einen, der andre an dem andern Punkte liegt. Wie diese Winkel ihrer Lage nach benannt werden, ist aus Verbindungslehre §. 22 bekannt, und muß hier wiederholt werden. Es sind entweder gleichliegende W., oder entgegengesetzte W.,*) oder Wechselwinkel (schlechthin so genannte, oder äußere und innere Wechselwinkel.)

Untersucht, wie sich die gleichliegenden Winkel (a und b F. 16) verhalten, wenn die durchschnittenen Linien gleichlaufend sind. — Warum müssen sie gleich sein?

---

*) Es kann hier noch bemerkt werden, was §. 22 der Verbindungslehre übersehen ist, daß, wenn man schlechthin von entgegengesetzten Winkeln spricht, man darunter stets solche versteht, welche entweder beide äußere, oder beide innere sind, nicht aber solche von denen der eine ein äußerer der andere ein innerer ist, und welche gleichliegende genannt werden.)

Aufl. Da die Linien gleich gerichtet sind, (Verbindungslehre §. 1,) so müssen sie von einer und derselben dritten in ihrer Richtung gleich viel abweichen, d. h. die gleichliegenden Winkel müssen gleich sein. §. 5.

Drückt dieses nun in einem allgemeinen Satze aus.

1) Gleichliegende Winkel an gleichlaufenden Linien sind einander gleich.

Stellt man sich vor, der Strahl be rückte ohne seine Richtung zu verändern bis gegen a hin, bis b auf a fällt, so muß be mit ba zusammenfallen, da sie gleiche Richtung haben. Eben so muß dann auch der Winkel b auf a fallen, woraus die Gleichheit der beiden Winkel noch auf andere Weise erhellt.

So ist nun F. 17 a $=$ c, F $=$ J, u $=$ y, b $=$ d. Rückt die eine von den gleichlaufenden Linien ohne ihre Richtung zu verändern gegen die andre, so wird sie zuletzt mit derselben zusammenfallen, oder die genannten Winkel werden einander decken.

Um zu bezeichnen, daß zwei Linien gleichlaufend sind, setzt man das Zeichen (||) zwischen die Buchstaben womit sie benannt werden, ad || be (F. 16) heißt ad ist gleichlaufend mit be.

Wir wollen jede 2 Winkel an den beiden Punkten abliegende Winkel, und diese dann wieder nach ihrer Lage an Einem Punkte benennen, wenn nämlich die beiden Linien so gegen ein:

ander rücken, daß sie zusammenfallen. Hiernach sind a und z abliegende Nebenwinkel, a und d abliegende Scheitelwinkel, a und c abliegende zusammentreffende Winkel. Es läßt sich nun der obige Satz mit seinem Beweise folgendermaßen ausdrücken:

Gleichliegende Winkel an gleichlaufenden Linien sind einander gleich, denn es sind abliegende zusammentreffende Winkel. So auch die folgenden Sätze.

Die äußern entgegengesetzten Winkel an gleichlaufenden Linien sind zusammengenommen so groß als 2 Rechte, denn es sind abliegende Nebenwinkel. Eben so die innern; daher überhaupt:

2) Entgegengesetzte Winkel an gleichlaufenden Linien sind zusammengenommen so groß als 2 Rechte, denn es sind abliegende Nebenwinkel. §. 8, 3.

Erläuterung: Rückt die linke von den beiden gleichlaufenden (F. 17) ohne ihre Richtung zu verändern weiter, bis sie die andere deckt, so fällt x auf z c und x oder c und z sind dann aber offenbar gleich groß, nämlich 2 Rechte als Nebenwinkel.

Oder: x ist so groß als z (nach F. 1.) Es muß also gleich sein, ob ich zu dem Winkel c den Winkel x oder den Winkel z hinzunehme. c und z sind aber Nebenwinkel, und daher so groß als 2 Rechte, (§. 8.) daher auch c und x zusammen so groß als 2 Rechte.

3) Wechselswinkel an gleichlaufenden

Linien sind einander gleich, denn es sind abliegende Scheitelwinkel. §. 10. 1. — Erläuterung: Rücken die beiden Linien ohne ihre Richtung zu verändern gegen einander, so fällt u auf y 2c, daher ist x gleich u oder gleich y.

Oder: x ist so groß als z (nach 1.) So groß als z ist aber auch y; (§. 10.) daher sind alle 3 Winkel gleich groß.

4.) Aeußere und innere Wechselswinkel an gleichlaufenden Linien sind zusammengenommen so groß als 2 Rechte, — denn es sind abliegende Nebenwinkel.

Sind die durchschnittenen Linien nicht gleichlaufend, so werden sie auf der einen Seite der durchschneidenden auseinanderlaufend, (divergirend) auf der andern zusammenlaufend (convergirend) sein müssen. (F. 18.) Hiernach wollen wir auch die Winkel auf der auseinander laufenden Seite, und Winkel auf der zusammenlaufenden Seite, nämlich der durchschneidenden Linie, nennen. In F. 18 sind also die Winkel auf der obern Seite der durchschneidenden, Winkel auf der auseinanderlaufenden Seite, die Winkel unterhalb der durchschneidenden, Winkel auf der zusammenlaufenden Seite. Hiernach lassen sich nun die folgenden Sätze, welche als Uebungen für die Kinder benutzt werden, und die sie selbst aufsuchen müssen, leicht verstehen.

1. Von den gleichliegenden Winkeln an ungleichlaufenden Linien ist auf der zusammenlaufen-

den Seite der äußere größer als der innere, auf der auseinanderlaufenden Seite dagegen ist der innere größer als der äußere.

2. Sind die Linien ungleichlaufend, so sind die innern entgegengesetzten Winkel auf der auseinanderlaufenden Seite größer, auf der zusammenlaufenden Seite kleiner als 2 Rechte. Mit den äußern entgegengesetzten verhält es sich umgekehrt.

3. Sind die Linien ungleichlaufend, so ist von den innern Wechselswinkeln der auf der auseinanderlaufenden Seite größer, als der auf den zusammenlaufenden. Von den äußern Wechselswinkeln ist der auf der auseinanderlaufenden Seite kleiner, als der auf der zusammenlaufenden.

4. Sind die Linien ungleichlaufend, und es liegt von den äußern und innern Wechselswinkeln der äußere an der zusammenlaufenden Seite, so sind sie zusammengenommen größer, im Gegentheil kleiner als 2 Rechte.

Die obigen Sätze sind für die Bestimmung der Winkel aus der Lage der Linien an 2 Punkten erschöpfend, wenn man bloß 3 Linien hat.

Hier mögen nun Uebungen in der Bestimmung eines Winkels an Gleichlaufenden folgen, wenn der mit ihm gepaarte gegeben ist; z. B. wenn x (F. 17) $\frac{3}{4}$, $\frac{3}{5}$, $\frac{5}{7}$ e. R. ist, wie groß ist z oder c oder d 2c.; vergleiche §. 12.

Eben so an ungleichlaufenden; z. B. wenn x (F. 18,) ein innerer Winkel auf der auseinanderlaufenden Seite, $\frac{3}{4}$ e. R. ist, so ist sein gleichliegender Winkel kleiner als $\frac{3}{4}$ e. R., sein innerer entgegengesetzter größer als $\frac{5}{4}$ e. R. u. s. w.

14.

Bestimmung der Lage der Linien aus der Größe der Winkel.

Bisher wurde den Linien immer eine bestimmte gegenseitige Lage gegeben, und man durfte bei Beurtheilung derselben zunächst nicht auf die entstehenden Winkel sehen. Das Verhältniß derselben ergab sich dann aber als eine Folge mittelst der im vorigen §. aufgestellten Sätze. — Jetzt soll umgekehrt den Winkeln eine gewisse Größe oder Verhältniß gegeben werden, ohne bei der Zeichnung auf die gegenseitige Lage der Linien zu sehen. Wir wollen dann aber untersuchen, wie die Linien in Beziehung **auf einander** gerichtet sein müssen.

Wenn 2 g. L. von einer dritten durchschnitten werden, so können die gleichliegenden Winkel entweder gleich, oder ungleich groß sein.

1. **Wenn die gleichliegenden Winkel gleich groß sind, so sind die durchschnittenen Linien gleichlaufend.**

In diesem Falle weichen nämlich die durchschnittenen Linien von der durchschneidenden gleichviel in ihrer Richtung ab. Sie können daher unter sich, ihrer Richtung nach, gar nicht von einander abweichen, d. h. sie sind gleich gerichtet oder gleichlaufend.

Rückt eine von den durchschnittenen Linien gegen die andere, ohne daß die Winkel sich ändern, so ist klar, däß sie sich decken werden, wenn die gleichliegenden Winkel gleich sind. Wenn aber zwei Linien deckend werden, wenn sie mir gleichbleibenden Winkeln, d. h. mit gleichbleibender Richtung gegen einander rücken, so müssen sie gleichlaufend gewesen sein.

2. Ist der äußere von zwei gleichliegenden Winkeln größer als der innere, so sind die Linien nach der Seite dieser Winkel zusammenlaufend; im Gegentheil sind sie auseinanderlaufend.

3. **Sind die entgegengesetzten Winkel zusammengenommen so groß als zwei Rechte, so sind die durchschnittenen Linien gleichlaufend**, denn es werden nun abliegende Nebenwinkel (§. 9, 5).

Rückt nämlich die eine Linie gegen die andere bis die Durchschnittspunkte mit der dritten zusammenfallen, so wird der entgegengesetzte Winkel eines Winkels sein Nebenwinkel, wenn er mit ihm zusammengenommen 2 Rechte beträgt. (9, 5). Die Linien decken sich daher, wenn man sie, ohne ihre Richtung zu verändern zusammenbringt, und müssen also gleichlaufend sein.

Oder: Ist (F. 17) $c + x = 2$ R., so ist x so groß als der Nebenwinkel von c, d. h. so groß als x, und die Linien daher nach 1 gleichlaufend.

4. Sind die innern entgegengesetzten Winkel zusammengenommen größer als 2 Rechte, so sind die Linien nach der Seite dieser Winkel auseinanderlaufend; sind sie dagegen kleiner als zwei Rechte, so sind sie zusammenlaufend. — Mit den äußern entgegengesetzten Winkeln verhält es sich umgekehrt.

5. Sind die Wechselwinkel gleich, so sind die Linien gleichlaufend, denn jene Winkel sind nun abliegende Scheitelwinkel.

Rücken nämlich die Linien gegen einander bis ihre Durchschnittspunkte zusammenfallen, ohne daß die Winkel sich verändern, so erhalten diese Winkel einen gemeinschaftlichen Scheitelpunkt und liegen auf verschiedenen Seiten an den Strahlen einer g. L., werden also (nach 10, 3) Scheitelwinkel, wenn sie einander gleich sind.

Oder: Ist $x = y$ so ist, weil $y = z$ als Scheitelwinkel, auch $x = z$, folglich die Linien nach 1 gleichlaufend.

6. Sind die Wechselwinkel ungleich, so sind auch die Linien ungleichlaufend. — Sind es innere, so sind die Linien auf der Seite des größeren Winkels auseinanderlaufend, auf der Seite des kleineren zusammenlaufend. Sind es äußere Wechselwinkel, so verhält es sich umgekehrt.

7. Sind die äußern und innern Wechselwinkel zusammengenommen so groß als 2 Rechte, so

sind die Linien gleichlaufend, denn die Winkel sind nun abliegende Nebenwinkel (§. 9, 5).

8. Sind die äußern und innern Wechselwinkel zusammen größer als 2 Rechte, so sind die Linien nach der Seite des äußern zusammenlaufend, nach der Seite des innern auseinanderlaufend. Sind sie kleiner als 2 Rechte, so verhält sichs umgekehrt.

Uebung.

Wenn $x = \frac{2}{3}, \frac{3}{4}, \frac{4}{7}$ e. R. wie groß ist e oder z oder d?

Wenn $x = \frac{2}{3}$, $c = \frac{4}{3}$ e. R. ist, wie sind die Linien gerichtet?

Wie, wenn $a = \frac{6}{5}$, $J = \frac{3}{5}$ e. R. ist? — Wie, wenn $x = \frac{4}{5}$ und $J = \frac{3}{5}$ e. R. ist u. s. w.

Gehen mehr als 3 g. L. durch 2 Punkte, so können keine neuen Größenverhältnisse entstehen, die sich nicht aus §. 13 und 14, oder aus §. 7 — 10 leicht beurtheilen ließen, wenn man eine Linie durch beide Punkte zieht. Für 3 g. L. sind die obigen Sätze vollständig und erschöpfend, welches der Lehrer den Kindern so klar als möglich zu machen suchen muß, nicht nur, weil dadurch das Wiederauffinden und Insichselbstentwickeln der Sätze erleichtert wird, sondern auch, weil sie dann erst ihren innern Zusammenhang recht überschauen und sie als Ein Ganzes ansehen lernen, wodurch ihr Wissen davon gewissermaßen auf eine höhere Stufe gehoben wird. Für den Fall wo mehr als 3 Linien durch 2 Punkte gehn, stehe hier noch folgender Satz:

9) Wenn 2 Linien durch einen Punkt mit 2 Linien durch einen andern Punkt gleichlaufend

sind (F. 19) so sind die Winkel, welche gleiche Lage haben, gleich groß, denn da die Linien gleich gerichtet sind, so müssen sie in ihrer Richtung um gleich viel von einander abweichen (§. 5). — Wie sich der Beweis mittelst der Summe und des Unterschiedes der gleichliegenden Winkel führen läßt (wenn man nämlich durch beide Punkte eine g. L. zieht), ist leicht zu übersehen.

Um eine Menge gleichlaufender Linien nach einander darzustellen und zu zeichnen, bedient man sich mit Vortheil des sogenannten Anschlagelineals E (F*), welches an einer stärkern Leiste rechtwinklig befestigt ist. Ist nun die obere Kante der Schultafel oder eines Reißbretts AB gerade, und man verschiebt das Lineal längs derselben so, daß die obere Leiste immer genau an dieselbe anschließt, so liegt die Schärfe desselben stets in einer Linie, welche auf dieser obern Kante senkrecht ist, z. B. in ab. Es stellt daher in stetiger Folge alle Parallelen dar, welche in der Ebene der Tafel mit ab gezogen werden können, von denen man nun so viele man will durch gegebene Punkte zeichnen kann. — Ist die obere Leiste aus 2 mit einer Flügelschraube verbundenen Brettchen zusammengesetzt, von denen das eine um diese Schraube gedreht, und mittelst derselben festgestellt werden kann, wie in F, so kann man mittelst desselben alle Linien, die einer gegebenen ed gleichlaufend sind, in stetiger Folge darstellen, indem man es längs der obern Kante der Tafel vorschiebt.

Dasselbe kann auch mittelst eines rechtwinkligen Dreiecks G geschehen, welches längs eines Lineals H verschoben wird.

Dritte Abtheilung.

Winkel an 3 Punkten.

15.

Erklärungen und vorläufige Sätze.

Wir kommen nun zu den Winkeln an 3 Punkten.

Um 3 Durchschnittspunkte zu erhalten müssen (nach Verbindungslehre §. 3) wenigstens 3 g. L. vorhanden sein, die alle 3 ungleichlaufend sind, und ein Dreieck bilden (das. §. 27.). Es entstehen alsdann 12 Winkel (F 20), von denen 3, deren beide Schenkel Seiten des Dreiecks sind, innere Winkel heißen. Unter den übrigen 9 sind 3 Scheitelwinkel, und 6 sind Nebenwinkel der innern, von denen wieder je 2 an Einem Punkte liegende Scheitelwinkel sind. Da Scheitelwinkel einander gleich sind, und alles was in Ansehung der Größe von einem Winkel ausgesagt wird, auch von seinem Scheitelwinkel gilt, so können wir die letztern füglich weglassen, und haben es also nur mit den 3 innern und 3 äußern Winkeln am Dreieck, Nebenwinkeln der innern, zu thun, so, als ob durch jeden Punkt nur Eine Seite des Dreiecks verlängert wäre (F. 21). Es giebt nun weder an Einem noch an 2 Punkten Größenverhältnisse der Winkel, die im Vorigen nicht schon da gewesen sind, und die hier also höchstens noch einmal in Beziehung auf das Dreieck ausgesprochen werden können. — Außerdem haben wir es immer mit 3 Winkeln zu thun, die an allen 3 Punkten liegen.

1. Jede 2 innere Winkel in einem Dreieck sind zusammengenommen kleiner als 2 Rechte (§. 13, 2).

2. Ein äußerer Winkel am Dreieck ist größer als sein innerer entgegengesetzter (§. 13, 1), oder sein innerer Wechselswinkel (§. 13, 3). So ist u größer als c, auch größer als b, r größer als a und als c, r größer als a und als b. —

Die beiden innern heißen auch die innern Gegenwinkel des äußern, und man kann den Satz alsdann auch so ausdrücken: ein äußerer Winkel am Dreieck ist größer als jeder von den beiden innern Gegenwinkeln.

Zieht man je 3 Winkel, an jedem Punkte Einen, in Betracht, so können dieses sein:

entweder die 3 innern,
oder die 3 äußern,
oder 1 innerer und 2 äußere,
oder 2 innere und 1 äußerer.

16.

Innere Winkel im Dreieck.

Wie werden nun die innern Winkel eines Dreiecks nach einander durch Schwenkung erzeugt werden können?

Man

Man stelle sich vor, die g. L. bc (F. 20) schwenkte sich um den Punkt b, durch den bei b liegenden innern Winkel, bis sie in die Lage von ba kommt, so hat sie den Winkel cba erzeugt, und das Ende x derselben liegt nun über a hinaus. — Dieselbe Linie schwenke sich nun um den Punkt a durch den bei a liegenden innern Winkel, bis sie in die Lage von ac kommt, so hat sie nun den Winkel bac erzeugt, und das Ende x derselben liegt in der ac über a hinaus. — Endlich schwenke sich dieselbe Linie um c durch den bei c liegenden innern Winkel, bis sie wieder in die Lage von bc kommt. Sie hat nun auch den dritten innern Winkel acb erzeugt, und das Ende x derselben liegt in der bc jetzt über b hinaus. Die beiden Enden der Linie haben also jetzt eine entgegengesetzte Lage, und die Linie hat, indem sie die 3 innern Winkel des Dreiecks nach einander durch Schwenkung erzeugte, eine halbe Umschwenkung gemacht. — Der Lehrer muß dieses den Kindern dadurch deutlich machen, daß er einen Stock, dessen beide Enden sich hinlänglich von einander unterscheiden (einen gewöhnlichen Spatzierstock mit Knopf und Beschlag oder jeden andern), über bc an die Schultafel bringt, auf seine anfängliche Lage aufmerksam macht, ihn dann, wie vorhin beschrieben ist, schwenkt, und wieder auf seine endliche Lage die Aufmerksamkeit richtet.

Die Linie durch bc schwenkte sich zuerst um

den Punkt **b**, dann um **a**, und zuletzt um **c**. Man vergleiche diese Schwenkung mit der halben Umschwenkung um **b**, und mache besonders auf die Lage **bd** aufmerksam, wo die Linie mit der durch **ac** gleichlaufend ist.

Die 3 innern Winkel im Dreieck werden nach einander erzeugt, durch die halbe Umschwenkung einer Linie.

1) Die 3 innern Winkel im Dreieck sind daher zusammengenommen so groß als 2 Rechte oder 180°.

Dieser Satz enthält alles in sich, was über die innern Winkel zu wissen nöthig ist, und es darf dieses bloß aus demselben entwickelt werden. Die folgenden Sätze können daher als Uebungen zu dem obigen behandelt werden.

2) In einem Dreieck ist der Unterschied eines Winkels von 2 Rechten so groß als die beiden andern Winkel zusammengenommen. Diese sind also seinem Nebenwinkel gleich.

3) Der Unterschied der Summe zweier Winkel eines Dreiecks von 2 Rechten ist dem dritten gleich.

4) Sind die 3 innern Winkel eines Dreiecks gleich, so ist jeder $\frac{2}{3}$ e. R. oder 60°.

5) Sind in einem Dreiecke 2 Winkel gleich, so sind durch Einen Winkel (bei dem jedoch bestimmt sein muß, ob es der ungleiche sei oder nicht) auch die beiden übrigen bestimmt.

6) In einem Dreieck kann nur Ein Winkel

ein Rechter oder ein stumpfer Winkel, es können aber alle 3 spitze Winkel sein.

7) Erklärungen. Ein Dreieck, in welchem einer von den innern Winkeln ein Rechter ist, heißt **ein rechtwinkliges Dreieck**. — Ist ein Winkel stumpf, so heißt es ein **stumpfwinkliges**. — Sind alle 3 innern Winkel spitz, so heißt es ein **spitzwinkliges Dreieck**. — (Jedes Dreieck muß entweder ein rechtwinkliges, oder ein spitzwinkliges, oder ein stumpfwinkliges sein.)

8) **Ist in einem Dreieck der eine Winkel ein Rechter, so sind die beiden andern zusammen genommen auch so groß als ein Rechter.** — Ist der eine ein stumpfer, so sind die beiden andern zusammengenommen kleiner als ein Rechter; — ist er ein spitzer, so sind die beiden andern zusammengenommen größer als ein Rechter.

9) **Von einem Punkte (a, F. 21) außerhalb einer g. L. (bc) kann nur Ein Loth auf dieselbe gefällt werden.** (e. 6.)

Anm. Die abgeleiteten Sätze enthalten hier die Anwendung der allgemeinen Größenlehre auf die innern Winkel im Dreieck. — Der Hauptsatz betrifft die Summe, die beiden folgenden den Unterschied, der 4te und 5te das Verhältniß, der 6te und 8te das besondere Verhältniß einzelner Winkel zum Rechten.

Ueber den 2ten 3ten 4ten und 8ten lassen sich Aufgaben machen, und der Lehrer wird wohl thun, dieselben den Sätzen voran gehen zu lassen. Z. B. zu 2.

Ein innerer Winkel ist $\frac{1}{2}$, $\frac{2}{3}$, $\frac{4}{5}$ e. R. 80° 57° ꝛc. wie groß sind die beiden andern Winkel im Dreieck zusammengenommen? Wie groß würde der Nebenwinkel des gegebenen Winkels sein? — Hier ist ein Winkel eines Dreiecks an der Schultafel gezeichnet, ihr sollt mir einen andern Winkel zeichnen, der so groß ist, als die beiden andern innern Winkel des Dreiecks zusammengenommen. (Es geschieht mittelst der Verlängerung des einen Schenkels durch den Scheitelpunkt.)

Zum 5ten Satz. Der eine Winkel eines Dreiecks ist ein Rechter, $\frac{4}{5}$, $\frac{6}{7}$, $\frac{3}{4}$, $\frac{5}{8}$ e. R. 80° 70° 45°, die beiden andern sind gleich, wie groß ist jeder? — Sucht zu dem hier bezeichneten Winkel die beiden andern Winkel des Dreiecks, wenn sie gleich sind. (Es geschieht durch Halbiren des Nebenwinkels.) — Der eine von 2 gleichen Winkeln eines Dreiecks ist $\frac{2}{3}$, $\frac{3}{4}$, $\frac{4}{5}$ ꝛc. e. R. 50° 56° ꝛc. Schwieriger sind folgende Aufgaben: jeder von den beiden gleichen Winkeln ist $\frac{1}{2}$, $\frac{2}{3}$, $\frac{5}{4}$ ꝛc. des ungleichen, was ist jeder von ihnen für ein Theil des Rechten? (Vergleich §. 12 und 13. Vorübung §. 7.)

Auflösung der letzten Aufg. Ist jeder von den beiden gleichen Winkeln $\frac{5}{4}$ des ungleichen, so muß man den letztern, um Viertel zu erhalten, in 4 gleiche Theile theilen. Solcher Theile enthält jeder von den beiden gleichen Winkeln 5. Alle 3 Winkel haben daher $4 + 5 + 5 = 14$ gleiche Theile, und da sie (nach 1.) so groß als 2 Rechte sind, so kommen auf jeden Rechten 7 solcher Theile. Jeder Theil ist daher ein Siebentel, und der ungleiche Winkel enthält $\frac{4}{7}$ jeder von den gleichen $\frac{5}{7}$ e. R.

Der Lehrer kann auch Aufgaben geben, deren Auflösung unmöglich ist, z. B. Jeder von den gleichen Winkeln eines Dreiecks ist $\frac{5}{4}$ e. R. wie groß ist der ungleiche? Die Kinder geben an, daß es ein solches Dreieck gar nicht geben könne.

17.

Innere und äußere Winkel im und am Dreieck.

Könnten die 3 äußern Winkel am Dreieck nicht auch durch Schwenkung einer g. L. nach einander erzeugt werden? wie könnte dieses geschehen? und wie weit schwenkte sich dabei die Linie? F. 21.

Die äußern Winkel am Dreieck werden nach einander erzeugt durch die ganze Umschwenkung eines Strahls.

1) Die äußern Winkel am Dreieck sind daher zusammengenommen so groß als 4 Rechte. (§. 7.)

2) Ein innerer Winkel im Dreieck ist um 2 Rechte kleiner, als die äußern an den beiden übrigen Punkten zusammengenommen. In F. 21 ist c um 2 R. kleiner als u + r. — Denn wenn man zu dem Winkel 5, den W. c hinzunimmt so erhält man 2 R. (§. 8); nimmt man zu demselben Winkel 5 hingegen die beiden äußern u + r. hinzu, so bekommt man 4 R. (n. 1.) Es müssen daher die beiden äußern um 2 Rechte größer sein, als der innere am dritten Punkte.

3) Zwei innere Winkel im Dreieck sind zusammengenommen so groß als der äußere am dritten Punkte. — In F. 21 ist $5 = a + b$. — Denn wenn man zu dem W. c den W. 5. hinzunimmt, so erhält man 2 R. (§. 8.) Nimmt man zu c die beiden andern W. a und b hinzu, so erhält man gleichfalls 2 R. (§. 16. 1.) Da es also gleich ist, ob ich 5, oder $a + b$ zu c hinzunehme, so muß auch 5 so groß sein als $a + b$.

Man drückt den hier bewiesenen Satz auch so aus:

Ein äußerer Winkel am Dreieck ist so groß als seine beiden innern Gegenwinkel zusammengenommen. (§. 15.)

Die beiden letzten Sätze lassen sich auf ähnliche Weise wie die vorhergehenden auch durch Schwenkung erweisen. Jeder von den 3 in diesem §. aufgestellten Sätzen ließe sich auf eine ähnliche Weise weiter entwickeln, wie dieses mit dem ersten Satze des vorhergehenden §. geschehen ist. Man würde jedoch im Wesentlichen auf die nämlichen abgeleiteten Sätze kommen, und es kann diese Entwickelung hier also füglich übergangen werden.

Daß die hier aufgestellten Sätze über die Winkel an 3 Punkten vollständig sind, wenn letztere nur durch 3 g. L. gebildet werden, ergiebt sich aus §. 15. — Wenn sich mehr als 3 g. L. in 3 Punkten durchschneiden, so kann es keine Größenverhältnisse geben, deren wesentlicher Grund nicht in den vorhergehenden enthalten wäre. Sie können daher füglich übergangen werden.

Vierte Abtheilung.

Winkel an 4 Punkten.

§. 18.

Bestimmung der Fälle.

Um an 4 Punkten Winkel zu erhalten, müssen sich (nach Verbindungslehre §. 3.) wenigstens 4 g. L. durchschneiden. Diese sind hier aber nicht nothwendig alle ungleichlaufend, auch können mehr als 2 durch Einen Punkt gehen. Es wird daher angemessen sein, hier die möglichen Fälle vollständig aufzustellen. (Vergl. Verbindungslehre §. 2 bis 7.)

4 gerade Linien können

1) alle 4 gleichlaufend
2) oder 3 — und 1 ungleichlaufend
3) — 2 — und 2 gleichlaufend
4) — 2 — und 2 ungleichlaufend
5) alle 4 ungleichlaufend sein. Es können ferner:
6) alle 4 durch Einen Punkt gehen
7) oder 3 durch Einen Punkt gehend und 1 ungleichlaufend
8) oder 3 durch Einen Punkt gehend und 1 gleichlaufend sein.

Die Fälle 1, 2, 6, 8 fallen weg, weil im 1sten gar keiner, in den übrigen weniger als 4 Durchschnittspunkte entstehen. Der 7te giebt 2 Dreiecke. Es bleibt also nur noch der 3te 4te und 5te Fall übrig. Der erstere giebt ein spâthiges Viereck oder Parallelogramm; (Verbindungslehre §. 34) der andre ein Viereck mit nur 2 gleichlaufenden Seiten, welches wir ein halbspâthiges Viereck oder Paralleltrapez nennen wollen; und der letzte ein unregelmäßiges Viereck oder ein Trapezoid. Die in den letztern Fällen noch außer den 4 entstehenden Durchschnittspunkte ziehen wir hier nicht in Betracht, auch nicht den Fall, wenn das Viereck einen nach innen tretenden überstumpfen Winkel hat. Wir haben es hier also nur mit Vierecken zu thun, die lauter gewöhnliche hole Winkel haben. Setzen wir auch hier wieder die Scheitelwinkel der innern, und auch die Scheitelwinkel der äußern ganz bei Seite, so behalten wir an jedem Punkte 2 Winkel, die auch hier Nebenwinkel sind. Wir haben es also immer mit 4 Winkeln zu thun, von denen an jedem Punkte einer liegt. Dieses können sein:

entweder die 4 innern
oder die 4 äußern
oder 1 innerer und 3 äußere
— 2 — — 2 —
— 3 — — 1 äußerer.

19.

Winkel am Viereck überhaupt.

Die äußern Winkel am Viereck werden (eben

so, wie die am Dreieck) nach einander erzeugt durch die ganze Umschwenkung eines Strahls.

1) **Die 4 äußern Winkel am Viereck sind zusammengenommen so groß als 4 Rechte.**

Die 4 äußern und die 4 innern Winkel sind 4 Paar Nebenwinkel, und daher zusammengenommen so groß als 8 Rechte. (§. 8.) Hieraus folgt:

2) **Die 4 innern Winkel im Viereck sind zusammengenommen so groß als 4 Rechte**, welches sich auch mittelst ihrer unmittelbaren Construktion durch Schwenkung einer g. L. leicht erweisen läßt.

3) Ein innerer Winkel im Viereck ist um 2 R. kleiner, als die äußern an den übrigen Punkten zusammengenommen. In F. 22 ist c um 2 R. kleiner, als $t + u + r$. — Nimmt man nämlich zum Winkel 5 den Winkel c hinzu, so erhält man 2 R.; (§. 8) nimmt man zu demselben Winkel 5 hingegen die Winkel $t + u + r$ hinzu, so bekömmt man 4 R. (1.) Es müssen daher die 3 äußern um 2 Rechte größer sein, als der innere am 4ten Punkt.

4) Zwei innere Winkel im Viereck sind zusammengenommen eben so groß als die beiden äußern an den übrigen Punkten. In F. 22 ist $c + d = u + r$. — Denn wenn man zu den beiden andern innern Winkeln $a + b$, $c + d$ hinzunimmt, so erhält man 4 R. (2); nimmt man hingegen zu $a + b$ die beiden äußern hinzu, näm=

lich $u + r$, so betragen diese gleichfalls 4 R. (§. 8.) — Da es also gleich ist, ob man $c + d$ oder $u + r$ zu den beiden innern Winkeln $a + b$ hinzunimmt, so müssen sie einander gleich sein.

5. Drei innere Winkel im Viereck sind zusammengenommen um 2 Rechte größer als die äußern am 4ten Punkt. — In F. 22. ist $b + c + d$ um 2 Rechte größer als u. — Nimmt man zu a nämlich $b + c + d$ hinzu, so erhält man 4 R.; nimmt man hingegen u zu a hinzu, so erhält man nur 2 R. Daher sind $b + c + d$ um 2 R. größer als u.

Wegen des Beweises dieser Sätze durch Schwenkung vergleiche §. 17. Sie gelten vom Viereck überhaupt. Was den Vierecken mit gleichlaufenden Seiten eigenthümlich ist, wird uns nun zunächst beschäftigen.

20.

Vierecke mit gleichlaufenden Seiten.

Die Bestimmung von je 4 Winkeln giebt hier keinen neuen Satz. Es können blos einige Sätze aus der Lehre von den gleichlaufenden Linien hier mit Beziehung auf unsre Figur aufgestellt werden. F. 23.

1. In einem halbspäthigen Viereck sind jede 2 innere oder jede 2 äußere an Einer ungleichlaufenden Linie liegenden Winkel zusammengenommen so groß wie 2 Rechte. (§. 13. 2 u. 4.)

2. In einem halbspäthigen Viereck sind jede

2 innere oder jede 2 äußere an Einer gleichlaufenden Linie liegenden Winkel zusammengenommen ungleich 2 Rechten. Die innern sind größer an der Seite, wo die Linien zusammenlaufen, kleiner wo sie auseinander laufen. Mit den äußern verhält es sich umgekehrt. §. 13.

3. In einen halbspäthigen Viereck können nur 2 rechte Winkel sein.

4. In einem späthigen Viereck (Parallelogramm (F. 24.) sind jede 2 an Einer Seite liegende innere, oder jede 2 dergleichen äußere Winkel zusammengenommen so groß als 2 Rechte.

5. In einem späthigen Viereck sind die gegenüberstehenden Winkel einander gleich. Der Beweis läßt sich aus §. 14, 5 auch aus §. 13, 2 und 3 leicht führen.

6. Ist in einem späthigen Viereck Ein Winkel ein Rechter, so sind auch alle übrigen Winkel Rechte. Ein Viereck mit lauter rechten Winkeln heißt ein Rechteck.

7. Durch Einen Winkel im späthigen Viereck sind die übrigen bestimmt.

8. Eine Gehrung oder Diagonale (Verbindungslehre §. 39) theilt ein späthiges Viereck in 2 Dreiecke mit völlig gleichen Winkeln (§. 13, 3 und oben 5).

Diese Sätze folgen alle sehr leicht aus den angeführten über die gleichlaufenden, oder aus den nächstvorhergehenden, und die Lehrer werden daher keine Schwierigkeiten finden sie den Schülern deutlich zu machen. Auch werden sie leicht sehen, wie man sie durch Schwenkung beweisen kann, wenn man die in Frage stehenden Winkel entweder unmittelbar nach einander durch dieselbe Linie oder gleichzeitig durch 2 Strahlen erzeugt, und auf deren anfängliche und endliche Lage Rücksicht nimmt.

Fünfte Abtheilung.

Winkel an Vielecken.

§. 1.

Unter den Sätzen für die Winkel am Dreieck und Viereck herrscht so viel Uebereinstimmung, daß es auf die Vermuthung führt, ob dieselben, wenn man alles, was sich auf das Dreieck oder Viereck besonders bezieht, aufhebt, nicht vielleicht für alle Figuren gelten. Was oben §. 15. in Ansehung der innern und äußern Winkel bemerkt ist, gilt auch hier. So wie beim Viereck setzen wir auch hier die etwa entstehenden überstumpfen Winkel ganz bei Seite. Die Verbindungen, bei welchen zwar 6, 7 ꝛc. Durchschnittspunkte, aber doch kein Sechseck, Siebeneck entsteht, können nichts enthalten, was hierin nicht wesentlich begründet wäre. — Die 25ste Figur ist zwar ein Sechseck, aber die Sätze sollen so ausgedrückt, und die Beweise so geführt werden, daß sie auch auf ein Siebeneck, Achteck, kurz auf jede geradlinige Figur passen. Man kann diese Beweise zwar eben so führen, wie die §. 17. und 19. Um sie indeß nicht zum drittenmale wiederholen zu dürfen, mögen sie hier aus der Schwenkung der Linie hergeleitet werden.

Die sämmtlichen äußern Winkel an jedem Vieleck werden nach einander erzeugt durch die ganze Umschwenkung eines Strahls.

1. Die sämmtlichen äußern Winkel an einer geradlinigen Figur sind zusammengenommen so groß als 4 Rechte.

2. Ein innerer Winkel in einer geradlinigen Figur ist um 2 Rechte kleiner als die sämmtlichen äußern an den übrigen Winkelpunkten zusammengenommen. — So ist in F. 25, c um 2 R. kleiner als t + v + ... + r. — Man stelle sich vor, der Winkel c werde durch Schwenkung des Strahls cx um c erzeugt, so wird, nach vollendeter Schwenkung, das Ende x des Strahls von c über b hinaus liegen. Man stelle sich ferner vor, der Strahl cx erzeugte durch Schwenkung um d, e, f, a, b die Winkel t, v, w, u, r, so wird derselbe nach vollendeter Schwenkung gleichfalls über bc liegen, aber das Ende x desselben liegt nun von b über c hinaus, und hat eine halbe Umschwenkung mehr gemacht. Die durch letztere Schwenkung erzeugten Winkel sind daher um 2 Rechte größer, als der durch die erste Schwenkung erzeugte. §. 7.

3. Zwei innere Winkel sind zusammen genommen so groß als die sämmtlichen äußern an den übrigen Punkten. — So ist in F. 25 c   b = t + v + w + u. — Man stelle sich vor die

Linie cx schwenkte sich zuerst um c, dann um b, bis die beiden Winkel c und b erzeugt sind, so hat dieselbe die Lage bx. — Durch Schwenkung desselben Strahles um die Punkte d, e, f, a mögen auch die Winkel t, v, w, u erzeugt werden, so hat der Strahl wieder die nämliche Lage. Das Erzeugniß dieser Schwenkungen, die Winkel, müssen daher gleich sein.

4. Drei innere Winkel sind zusammen genommen um 2 Rechte größer als die äußern an den übrigen Punkten zusammen genommen. — So sind in F. 25, c + b + a um 2 Rechte größer als t + v + w. — Läßt man die genannten innern Winkel durch Schwenkung der Linie cx um c, b, a, die äußern durch Schwenkung um d, e, f entstehen, so liegt die Linie in beiden Fällen nach vollendeter Schwenkung über fa. Aber im ersten Falle liegt das Ende x von a über f, im 2ten Falle von f über a hinaus. Die eine Schwenkung hat daher 2 Rechte mehr betragen als die andere. Achtet man nun genauer auf das, was geschehen ist, so findet man, daß zur Erzeugung der innern die größere Schwenkung erforderlich gewesen, und diese also um 2 Rechte größer sind, als die äußern.

5. Vier innere Winkel sind zusammen genommen um 4 Rechte größer, als die äußern an den übrigen Punkten.

Eben so sind 5 innere um 6 R.
6 — — 8 —
7 — — 10 —
8 — — 12 — größer als
die äußern an den übrigen Punkten u. s. w. — Die erzeugenden Linien kommen jedesmal über einander, und abwechselnd mit ihren Strahlen gleich, und entgegengesetzt zu liegen. Man hat hiebei nur auf die Zahl der ganzen Umschwenkungen zu achten, um jedesmal mit Sicherheit zu bestimmen, wie viel größer die innern sind, als die äußern an den übrigen Punkten.

Findet der Lehrer es angemessen den folgenden allgemeinen Satz den Kindern deutlich zu machen, so kann er dazu folgenden Weg einschlagen. Er lasse die Kinder die Sätze in 4 und 5 der Reihe nach durchsprechen, und frage sie dann außer der Reihe, z. B. um wieviel sind 7 innere Winkel größer als die äußern an den übrigen Punkten? — Können die Kinder die Fragen richtig beantworten, so ist das ein Beweis, daß sie das Gesetz der Fortschreitung der Unterschiede schon gefaßt haben. — Er lasse sie die Antworten nun so geben, daß sie die Art, wie sie die Unterschiede finden, mit ausdrücken. Z. B. 7 innere Winkel sind um 2mal — 7 weniger 2 — Rechte größer als die äußern an den übrigen Punkten, 8 um 2 (8 — 2); 9 um 2 (9 — 2) u. s. w. Sind so mehrere Fragen kurz hinter einander rasch und richtig beantwortet, so frag er ohne weitere Vorbereitung: um wieviel sind n innere Winkel größer als die äußern an den übrigen Punkten? Sollten die Kinder die Antwort nicht geben, so sage er ihnen, daß n weiter nichts als eine Zahl bedeuten solle, und nichts mehr und nichts weniger als jede andere Zahl sei. Nun wieder zuerst Fragen mit bestimmten Zahlen, dann die letzte Frage wiederholt, und die Antwort und mit ihr der folgende Satz wird nun unbedenklich richtig erfolgen.

6. In einer geradlinigen Figur sind n innere Winkel um n weniger 2mal 2 R., d. h. (n — 2). 2 R. größer, als die äußern an den übrigen Punkten.

Der an Einem Punkte liegende innere Winkel ist mit dem äußern (seinem Nebenwinkel) zusammen genommen so groß wie 2 Rechte. Alle innere und äußere Winkel sind daher zusammen genommen so groß als 2mal so viel Rechte, als die Figur Seiten, oder Winkelpunkte hat. So sind im Viereck die innern und äußern Winkel zusammen genommen so groß als 8 R., im Fünfeck so groß als 10 R., im 7eck so groß als 14 R., im 10eck so groß als 20 R., im neck so groß als 2n R.

Nimmt man nun hiervon die äußern Winkel, welche nach 21. 1, 4 R. betragen, ab, so bleibt die Summe der innern übrig.

7. Die sämmtlichen innern Winkel in einer geradlinigen Figur sind so groß, als

als zweimal so viel Rechte, als die Figur Seiten hat, weniger 4 Rechte. Im neck sind die sämmtlichen innern Winkel zusammen genommen 2 n R. — 4 R.

Der Lehrer lasse nun diese Sätze, welche für jede geradlinige Figur gelten, mit denen für das Dreieck und für das Viereck (§. 17. und 19.) vergleichen, und füge dann Aufgaben für einzelne Fälle hinzu.

§. 22.

Gleichwinklige Figuren.

Sind in einer geradlinigen Figur alle innern Winkel gleich, so müssen auch alle äußern (als Nebenwinkel der innern) einander gleich sein. Die letztern sind aber zusammen so groß als 4 Rechte (21, 1) daher:

1. In einer gleichwinkligen Figur findet man die Größe eines äußern Winkels, wenn man 4 Rechte, oder 360° durch die Zahl der Seiten oder der Winkelpunkte theilt.

2. Die Größe eines innern Winkels findet man, wenn man den äußern von 1 R. oder 180° abzieht.

Hiernach kann der Lehrer nun die folgende Tafel, deren Schema er den Kindern giebt, von ihnen berechnen lassen.

Tafel

der Winkel an gleichwinkligen Figuren.

Zahl der Seiten oder Mittelpunkt.	Größe jedes äußern Winkels.	Größe jedes innern Winkels.	Summe aller innern Winkel.
3eck	$\frac{3}{4}$ R. = $1\frac{1}{3}$ R. = 120°	$\frac{2}{3}$ R. = 60°	2 R.
4eck	$\frac{4}{4}$ R. = 1 R. = 90°	1 R. = 90°	4 R.
5eck	$\frac{4}{5}$ R. = 72°	$\frac{6}{5}$ R. = $1\frac{1}{5}$ R. = 108°	6 R.
6eck	$\frac{4}{6}$ R. = $\frac{2}{3}$ R. = 60°	$\frac{4}{3}$ R. = $1\frac{1}{3}$ R. = 120°	8 R.
7eck	$\frac{4}{7}$ R. = $51\frac{3}{7}$°	$\frac{10}{7}$ R. = $1\frac{3}{7}$ R. = $128\frac{4}{7}$°	10 R.
8eck	$\frac{4}{8}$ R. = $\frac{1}{2}$ R. = 45°	$\frac{3}{2}$ R. = 1^{1} R. = 135°	12 R.
9eck	$\frac{4}{9}$ R. = 40°	$\frac{14}{9}$ R. = $1\frac{5}{9}$ R. = 140°	14 R.
10eck	$\frac{4}{10}$ R. = 36°	$\frac{16}{10}$ R. = $1\frac{6}{10}$ R. = 144°	16 R.

360eck ist d. äuß. W. 1°, jed. innere 179°
21600 — — 1′, — 179° 59′
1296000 — — 1″, — 179° 59′ 59″
Denkt man sich ein gleichwinkliges Vieleck von

unendlich vielen Seiten (einen Kreis) so ist in denselben der äußere W. 0, jeder innere 180°.

23.

Schlußsätze.

Dieser ganze Abschnitt ist eigentlich weiter nichts, als eine Entwickelung der folgenden Sätze:

1. Wenn sich ein Strahl um einen, oder um mehre Punkte so weit schwenkt, bis er wieder in seiner vorigen Lage ist, so ist das Erzeugniß dieser Schwenkung (die Winkel), immer gleich groß.

2. Wenn sich ein Strahl nach derselben Seite hin eben so weit schwenkt, als ein anderer, so bleibt der Unterschied ihrer anfänglichen Richtung ungeändert.

Beide Sätze sind hier aber keinesweges vollständig entwickelr; auch übersieht man leicht, daß eine vollständige Entwickelung unendlich sein würde. Die wesentlichste Beschränkung war hier die Vermeidung des Verneinten, weshalb wir in einer jeden Figur blos hole innere Winkel, d. h. solche nehmen durften, die kleiner als 2 Rechte sind, weil der äußere Winkel eines erhobenen innern, als sein Nebenwinkel, verneint ist.

Es hätten sich beide Sätze auch gleich zu Anfange klar machen, und als Hauptsätze voranstellen lassen, wenn es nicht bei Kindern angemessener wäre, das Einzelne dem Allgemeinen vorangehen zu lassen.

Zweiter Abschnitt.

24.

Größenlehre der Seiten

Die Gegenstände, auf welche die Verbindungslehre geführt hatte, waren: Punkte, Linien, Strahlen, Winkel, Strecken oder Seiten, Figuren u. s. w. Wir haben §. 1. bis 4. gesehen, daß die erstern der Größe nicht fähig waren, und daß zuerst der Winkel als eine Größe sich zeigte. Wir kommen nunmehr zu den Seiten oder Strecken.

Aus der Vergleichung zweier Strecken oder Seiten einer Figur ergiebt sich sogleich, daß sie einander gleich, daß aber die eine auch größer oder kleiner als die andere sein könne. Es läßt sich also über die Größe der Seiten etwas erkennen, und die Seiten lassen sich ihrer Größe nach mit einander vergleichen.

Man denke sich irgendwo einen Punkt, und stelle sich vor, es bewegte sich derselbe nach irgend einer Richtung hin. Der von dem Punkte durchlaufene Weg würde ein Strahl sein, wenn die Bewegung nicht irgendwo aufhörte, gehemmt würde. Hört sie aber auf, so kann dieses früher oder später geschehen, und je nach dem das Eine oder das Andere Statt findet, wird die entstehende Strecke oder Seite kleiner oder größer.

Vergleicht man das Entstehen und Wachsen der Strecken mit dem Entstehen und Wachsen der Winkel, so sieht man zwar, wie hierin viel Aehnliches ist, beide sich aber wesentlich dadurch unterscheiden, daß bei der Fortbewegung eines Punktes durchaus kein sich von selbst darbietender Abschnitt ist, wogegen bei der Schwenkung eines Strahls durch die ganze Umschwenkung ein solcher natürlicher Abschnitt, und mittelst des aus der Umschwenkung abgeleiteten rechten Winkels ein natürliches Maaß allerdings gegeben wird.*)

Die Größenlehre der Seiten beschränkt sich daher auf die folgenden Sätze, von denen der erste hier als Grundsatz aufgestellt wird, und nicht weiter bewiesen werden darf.

1) Die gerade Strecke ist der kürzeste Weg zwischen 2 Punkten.

---

*) Diesem Umstande ist es zuzuschreiben, daß die Größenlehre der Seiten so sehr dürftig ausfällt, während die Größenlehre der Winkel eine reiche Entwickelung gestattete. Was in der Vorübung S. 1 bis 60 von den Strichen gelehrt ist, läßt sich allerdings auch von den idealen Seiten eben so lehren, allein es ist nichts weiter als eine Anwendung der allgemeinen Größenlehre auf diese besondere Art von Größen. Jede andre Größe muß nothwendig dieselbe Anwendung gestatten. Was hier gesucht wird, sind aus der Natur der räumlichen Größen durch ihre bloße Verbindung hervorgehende Bestimmungen der Seiten — nicht durch Winkel, denn davon handelt der folgende Abschnitt, sondern durch ihre Lage in und an geradlinichten Figuren, so wie die Verbindungslehre dieselben gegeben hat.

2) In einer jeden geradlinigen Figur ist Eine Seite nothwendig kleiner, als die übrigen zusammengenommen. — ba (F. 26) ist nothwendig kleiner, als $bc + cd + de + ea$ — denn ba ist ja nach 1 der kürzeste Weg von b nach a, jeder andre Weg von b über c, d, e nach a muß daher größer sein, als ba.

Dritter Abschnitt.

Größenlehre der Winkel und Seiten in ihrer gegenseitigen Abhängigkeit.

25.

Einleitung.

Die Größe der Winkel und Seiten ist bisher bloß aus der Lage der sie bildenden Linien, hauptsächlich in und an Figuren hergeleitet worden. Da wir die hierauf sich beziehenden Hauptsätze nunmehr kennen gelernt haben, so kommen wir auf die gegenseitige Bestimmung zwischen Seiten und Winkel.

Es kann nämlich gefragt werden: ob durch gewisse Winkel in und an Linien Verbindungen oder Figuren, nicht vielleicht gewisse Seiten, und umgekehrt:

ob nicht durch gewisse Seiten gewisse Winkel, oder endlich:

ob durch gewisse Seiten und gewisse Winkel andre Seiten und Winkel entweder geradehin (absolut,) oder in ihrem Verhältniß bestimmt sind.

Es wird sich nun bald zeigen, daß dieses wirklich der Fall sei. Um bei dieser Untersuchung aber mit Ordnung zu Werke zu gehen, werden die mannichfaltigen hier vorkommenden Fälle unter 2

Abtheilungen gebracht werden müssen. Es könnte nämlich einmal sein, daß durch gewisse Seiten und Winkel einer Figur andre Seiten und Winkel derselben Figur bestimmt würden; es könnte aber auch der zweite Fall eintreten, daß dadurch Seiten und Winkel einer andern mit jener verwandten, in irgend einer Beziehung gedachten, Figur gegeben würden. Die erste Untersuchung soll uns zunächst beschäftigen.

Wir haben bisher unter den Winkeln einer Figur sowohl die innern, als auch die äußern Winkel an derselben verstanden. Da indeß die innern und äußern Winkel einer Figur (als ihre Nebenwinkel) sich gegenseitig bestimmen, und die Art ihrer Abhängigkeit von einander im 1sten Abschnitt hinlänglich entwickelt ist, so darf, um die Fälle nicht zu sehr zu häufen, die eine Art dieser Winkel übergangen werden, da sie durch die andern mit gegeben sind, und es ist offenbar am natürlichsten von den innern Winkeln auszugehen, da sie allein noch bleiben, wenn auch keine Seite der Figur zur Linie oder zum Strahl verlängert wird.

Gegenseitige Bestimmungen zwischen Seiten und Winkeln in einer und derselben Figur.

26.

Fortsetzung.

Zwei g. L. können sich nur in Einem Punkte durchschneiden, und daher noch gar keine Strecke oder Seite zwischen den Durchschnittspunkten bilden. (Verbindungslehre §. 25.) Diese entsteht also erst beim Durchschnittspunkte dreier g. L., von denen wenigstens Eine ungleichlaufend ist. (Das. §. 26.)

Werden 2 gleichlaufende von einer dritten L. durchschnitten, so entsteht allerdings eine Strecke oder Seite, und mehre Winkel, (F. 17) allein die Strecke kann größer und kleiner werden, ohne daß die Winkel sich ändern — wenn nämlich die gleichlaufenden Linien gegen einander, oder aus-einander rücken, aber doch mit ihrer vorigen Lage gleichlaufend bleiben, — im Gegentheil können auch die Winkel größer oder kleiner werden, ohne daß die Strecke zwischen ihren Scheitelpunkten sich änderte. Es haben also weder die Winkel auf die Länge der Strecke, noch die Länge der Strecke auf die Winkel Einfluß. Sie sind von einander gänzlich unabhängig.

Da wir hier nicht fanden, was wir suchten,

so bleibt uns, wenn wir bei 3 Linien stehn bleiben wollen, nur der dritte Fall übrig, wenn sie alle 3 ungleichlaufend sind, und daher ein Dreieck bilden. (Vergl. §. 27). Wir kommen also zu der

A. Gegenseitige Bestimmungen zwischen Seiten und Winkeln im Dreieck.

Auch hier giebt es wieder 2 besonders von einander zu unterscheidende Fälle. Es können nämlich die Seiten und Winkel völlig bestimmt, oder nur das Verhältniß gewisser Seiten und Winkel durch einander bedingt werden. Das erstere giebt die Sätze von der Congruenz (Gleichbestimmtheit, oder Gleichähnlichkeit) der Dreiecke.

(Es soll hier in den nächsten §§. nochmals gezeigt werden, wie der Lehrer die folgenden Sätze den Kindern durch Fragen zu entwickeln hat, welches um so nothwendiger schien, da die hier befolgte Methode von der sonst üblichen bedeutend abweicht.)

27.

Vollkommene Bestimmungen zwischen Seiten und Winkeln eines Dreiecks.

L. Ihr wißt, daß ein Dreieck 3 Seiten und 3 Winkel hat. — Ich will euch hier 3 Seiten und 3 Winkel herzeichnen; macht nun ein Dreieck, welches diese Stücke enthält.

Die Kinder können nun zuerst darauf zurückgeführt werden, daß 2 Seiten zusammengenommen nicht größer sein dürfen, als die dritte (§. 24, 2,) und daß die Winkel zusammen 2 Rechte betragen müssen (§. 16, 1.) Nachdem dieses in Ordnung gebracht ist, wiederholt ihnen der Lehrer die obige Aufgabe, die 3 Seiten unter den gegebenen Winkeln zusammen zu setzen. Sie werden zuerst 2 Seiten unter dem gegebenen Winkel zusammen setzen, sodann aber auch gleich bemerken, daß nun nichts weiter an dem Dreiecke willkührlich ist. Wenn die dritte Seite, und die beiden Winkel nicht genau zu dem Dreieck paßten, so kann aus den gegebenen Stücken gar kein Dreieck gebildet werden. — Man kann aber auch an jedem Endpunkte der einen Seite eine andere unter dem gegebenen Winkel aufstellen; aber dann ist weder die Länge dieser beiden Seiten, noch der dritte Winkel willkührlich. — Man kann ferner 2 Seiten in den beiden Endpunkten der dritten so aufstellen, daß sie mit ihren andern Endpunkten zusammen kommen, und sieht leicht, daß nun die Winkel nicht mehr willkührlich sind. — Endlich kann man auch den einen Winkel an die eine Seite anlegen, und die Oeffnung desselben durch eine in den andern Endpunkt der erstern aufgestellte, und an den mehr unbestimmten Schenkel des Winkels angelehnte Seite schließen. Dieses giebt die Fälle die nun genauer durchgegangen werden sollen.

§. 28.

Fortsetzung.

L. Zeichnet eine gerade Strecke.

„ Von dem einen Endpunkte derselben zeichnet eine zweite, die mit der vorigen einen Winkel bildet. (F. 27. a.)

„ Wieviel Strecken habt ihr? wieviel Winkel?

„ Wenn ihr nun aus dem, was ihr vor euch habt, ein Dreieck bilden sollt, in welchem die gezeichneten Strecken Seiten sind, hängt es nun noch von eurer Willkühr ab, wie diese dritte Seite sein soll?

L. Ist diese dritte Seite vollkommen bestimmt? ihrer Länge? ihrer Richtung nach?

„ Sind auch die beiden andern Winkel im Dreieck bestimmt, oder könnt ihr sie nach Willkühr größer oder kleiner machen?

„ Welche Stücke waren es nun, wodurch die übrigen bestimmt wurden?

„ Könnt ihr mir dieses nun in einem Satze zusammenhängend ausdrücken?

Zwei Seiten und der dazwischen liegende Winkel bestimmen ein Dreieck vollkommen.

L. Wenn ihr nun 2 andre eben so lange Seiten unter demselben Winkel verbunden hättet, müßte das Dreieck nicht eben so groß werden, als das eben gezeichnete? (F. 27. b.)

„ Die Stücke wodurch das Dreieck bestimmt

wird, sind allerdings in beiden gleich. Es ist zwischen beiden also kein weiterer Unterschied, als daß sie an verschiedenen Orten gezeichnet sind, und man kann daher den obigen Satz auch so ausdrücken:

Wenn 2 Seiten und der zwischenliegende Winkel in einem Dreieck eben so groß sind, als dieselben Stücke in einem andern Dreiecke, so sind beide vollkommen gleich. Man könnte sich das eine genau in der Stelle des andern denken, oder sie sind beide deckend.

§. 29.
Fortsetzung.

L. Zeichnet eine gerade Strecke.

„ Leget an jedem Endpunkt derselben (mittelst zweier ganz kurzer Schenkel) einen Winkel, und zwar so, daß beide Winkel zusammengenommen kleiner als 2 Rechte sind. (F. 28. a.)

„ Ihr sollt nun aus dem, was ihr vor euch habt, ein Dreieck bilden; was habt ihr dazu bereits? wieviel Seiten? wieviel Winkel? — was werdet ihr thun müssen, um das Dreieck zu Stande zu bringen?

„ Steht es dabei in eurer Willkühr die Richtung der verlängerten Schenkel so oder anders zu machen? — hängt es von eurer Willkühr ab, wo sich die verlängerten Schenkel durchschneiden sollen? — oder die Länge dieser Schenkel, so fern sie Seiten des Dreiecks sind? — Ist also das Dreieck bestimmt? — und wodurch ist es bestimmt? Drückt dieses nun zusammenhängend in einem Satze aus?

Eine Seite, und die beiden anliegenden Winkel bestimmen ein Dreieck vollkommen.

Jedes andere Dreieck, in welchem eine Seite, und die beiden anliegenden Winkel eben so groß sind, als in diesem, muß also mit ihm völlig gleich sein. (F. 28. b.)

Wäre zu einem Dreieck eine Seite, ein anliegender, und der gegenüberstehende Winkel bestimmt, so könnte man (nach §. 16. 3) den 2ten anliegenden Winkel finden. Es wäre also das Dreieck auch in diesem Falle bestimmt.

§. 30.

Fortsetzung.

L. Zeichnet 3 gerade Strecken.

» Stellt euch vor, ihr solltet ein Dreieck zeichnen, dessen Seiten diese 3 Strecken sind. — Ihr müßtet dann in dem Endpunkte der einen die 2te aufstellen. Da es aber von eurer Willkühr abhängt, was ihr dieser 2ten für eine Richtung geben wollt, so ist das Dreieck durch diese beiden Seiten noch nicht bestimmt. — Wißt ihr aber den Abstand der beiden andern Endpunkte, d. h. die dritte

Seite, so hängt nun nichts mehr von eurer Willkühr ab.*)

Die Länge aller einzelnen Seiten bestimmt ein Dreieck vollkommen.

Wenn die 3 Seiten eines Dreiecks eben so groß sind, als die 3 Seiten eines andern, so sind ebide Dreiecke vollkommen gleich.

Anm. Die Kinder werden sich bei der hier gegebenen Begründung des Satzes begnügen. Sollten ihnen Zweifel einfallen, so können diese nur den Punkt betreffen, ob die gegenseitige Lage der 3 Seiten nicht verschieden sein könne. Der Lehrer kann ihnen diese leicht benehmen, indem er ihnen zeigt, daß doch immer in den beiden Endpunkten der einen Seite die beiden andern aufgestellt sein müssen, und daß es offenbar gleichgültig sei, in welchem Endpunkte man jede Seite aufstelle. Ein strenger Beweis würde sich erst nach der Lehre vom gleichschenkligen Dreiecke geben lassen.

§. 31.

Fortsetzung.

L. Zeichnet wieder eine gerade Strecke.

„ An den einen Endpunkt derselben legt einen Winkel (dessen andern Schenkel ihr so lang machen könnt, als eure Tafel verstattet) (F. 29.)

---

*) Der Lehrer wird wohl thun sich statt der 2ten Seite eines ausgespannten Fadens, oder eines Stäbchens zu bedienen, mittelst dessen er zeigt, wie der Winkel größer oder kleiner gemacht werden kann.

L. Wenn ihr nun den 2ten Schenkel blos seiner Lage nach, nicht aber seiner Länge nach als bestimmt anseht, wieviel Seiten und Winkel habt ihr? (1 Seite und 1 Winkel.)

„ Solltet ihr nun aus dem, was ihr habt, ein Dreieck bilden, so könntet ihr, von b aus, nach jedem Punkte von cd eine g. L. ziehen. — Ist das Dreieck also durch eine Seite, und einen Winkel bestimmt? Warum nicht?

„ Zeichnet euch nun, neben den Winkel, eine andre gerade Strecke, die größer ist, als die erste.

„ Stellt euch vor, ihr könntet diese zweite Strecke abnehmen, in b aufstellen, und an bd anlehnen; würde es nun noch in eurer Willkühr stehen, wie ihr das Dreieck machen wolltet?

„ Ist nun auch die dritte Seite bestimmt? — die beiden andern Winkel?

„ Wieviel Seiten waren es, wodurch das übrige bestimmt wurde? welche von beiden war die größere?

„ Wieviel Winkel waren es, wodurch das Dreieck (außer den beiden Seiten) bestimmt wurde?

„ Welcher von beiden Seiten steht der anfänglich bestimmte Winkel gegenüber?

„ Sagt mir nun im Zusammenhange, wodurch das Dreieck, welches ihr gezeichnet habt, bestimmt ist?

Zwei-

Zwei Seiten, und der Winkel, welcher der größern gegenüber liegt, bestimmen ein Dreieck vollkommen.

Wären in einem andern Dreiecke diese Stücke also eben so groß, wie in diesem, so würden beide Dreiecke vollkommen gleich, oder deckend sein müssen.

Der Lehrer kann nun den Kindern noch zeigen, wie es sich verhält, wenn die Seite, die dem gegebenen Winkel gegenüber steht, kleiner ist als die andre. — Reicht sie nämlich bis an den unbestimmt langen Schenkel hinan, so kann man sie auf zweierlei Weise in b aufstellen wie bc und be (sie anlehnen, oder unterklemmen.) Man erhält also aus den gegebenen Stücken immer 2 Dreiecke.

Anm. In den vorhergehenden Sätzen (§. 28 bis 31) waren es immer 3 Stücke, wodurch das Dreieck bestimmt war. Man könnte daher leicht auf den Gedanken kommen, ob nicht jede 3 Stücke (Seiten und Winkeln) zur Bestimmung des Dreiecks hinreichend sind. Um dieses zu untersuchen sei s eine Seite, w ein Winkel, so sind die Stücke aus denen jene 3 gewählt werden können folgende: s, s, s, w, w, w. Man kann aber wählen:

1) s, s, s, d. h. die 3 Seiten, wodurch nach §. 30 das Dreieck bestimmt ist.

2) s, s, w, d. h. 2 Seiten und Einen Winkel, und zwar:

a) s, w, s, d. h. 2 Seiten und den zwischenliegenden Winkel, wodurch nach §. 28 das Dreieck bestimmt ist.

b) w, s, s, d. h. 2 Seiten und den nicht zwischenliegenden Winkel, wodurch nach §. 31 das Dreieck entweder bestimmt, oder zweideutig ist, je nachdem der geg. Winkel der größern oder kleinern Seite gegenüber liegt.

3) s, w, w, d. h. 1 Seite und 2 Winkel. Es könnten dieses nun auch entweder w s w oder s w w sein; da aber durch 2 Winkel im Dreieck der dritte allemal bestimmt ist, so hat man eigentlich immer die 3 Winkel und eine Seite. Ist nun angegeben welchem Winkel die geg. Seite gegenüber, welchen Winkeln sie anliegen soll, so ist das Dreieck nach §. 29 bestimmt.

4) w, w, w, d. h. die 3 Winkel. Das Dreieck bleibt seiner Größe nach völlig unbestimmt; es sind aber eigentlich auch nur 2 Stücke gegeben, denn der dritte Winkel ist durch die beiden ersten bedingt.

Es ergiebt sich hieraus, daß durch jede 3 ihrer gegenseitigen Lage und ihrer Größe nach gegebenen Stücke, wenn sie sich nicht gegenseitig bedingen (wie in n. 4.) das daraus zu bildende Dreieck bestimmt sei, den einzigen Fall ausgenommen, wenn 2 Seiten und der Winkel welcher der kleinern gegenüber liegt, gegeben sind, daß aber auch dann nur 2 Dreiecke und nicht mehr aus den gegebenen Stücken möglich sind.

32.

Vergleichende Bestimmungen zwischen den Seiten und Winkeln Eines Dreiecks.

L. Seht wie sich die Seiten eines Dreiecks verhalten, oder wie viele gleich, wie viele ungleich sein können.

Kr. Die Seiten eines Dreiecks können entweder alle 3 gleich, oder es können 2 gleich, eine ungleich, oder es können alle 3 ungleich sein.

1) Ein Dreieck, in welchem alle 3 Seiten gleich sind, heißt ein gleichseitiges.

2) Ein Dreieck, in welchem alle 3 Seiten ungleich sind, heißt ein ungleichseitiges.

3) Ein Dreieck, in welchem 2 Seiten gleich sind, heißt ein gleichschenkliges.

4) Die beiden gleichen Seiten des gleichschenkligen Dreiecks heißen auch die gleichen Schenkel, und ihr Durchschnittspunkt heißt die Spitze.

Die dritte Seite heißt die Grundseite.

L. Seht nun auch wie sich die Winkel eines Dreiecks verhalten können.

Kr. Die Winkel eines Dreiecks können gleichfalls entweder alle 3 gleich, oder es können 2 gleich, einer ungleich, oder es können alle 3 ungleich sein.

33.

Gleichschenkliges Dreieck.

L. Zeichnet ein Dreieck welches 2 gleiche Winkel hat.

» Nehmet dieses Dreieck so vor euch, daß die Seite zwischen den beiden gleichen Winkeln wagerecht vor euch, das Dreieck aber oberhalb derselben liegt.

» Zeichnet von den beiden Endpunkten der wagerechten Seite aufwärts senkrechte Linien. (F. 31.)

» Die Winkel, welche diese senkrechten mit den schrägen Seiten des Dreiecks bilden, wollen wir die Abweichungswinkel nennen, weil sie anzeigen um wie viel jede Seite von der senkrechten Lage abweicht.

» Wie verhalten sich die Abweichungswinkel? warum sind sie gleich groß?

(Können die Kinder diese Frage nicht alle sogleich beantworten, so müssen sie die gleichen Winkel des Dreiecks von bestimmter Größe, etwa $\frac{1}{2}$ R. oder $\frac{3}{4}$ R. zeichnen, da sie alsdann aus §. 12 diese Frage leicht beantworten werden.)

L. Wo wird jetzt der Vereinigungspunkt der beiden Seiten des Dreiecks zwischen den senkrechten liegen?

» Von welchem Endpunkte der Grundseite wird der Vereinigungspunkt am weitesten entfernt sein?

„ Was haben die beiden gleichen Seiten gegen die beiden gleichen Winkel für eine Lage?

Aufl. Da die Abweichungswinkel gleich sind, so müssen sich die Seiten des Dreiecks gleichmäßig von den senkrechten entfernen. Sie werden sich also in der Mitte begegnen, und ihr Vereinigungspunkt muß von den beiden Endpunkten der Grundseite gleich weit entfernt sein.

1) Wenn in einem Dreieck 2 Winkel gleich sind, so sind auch die Seiten gleich, die diesen Winkeln gegenüber stehn, und das Dreieck ist gleichschenklig.

L. Zeichnet jetzt ein Dreieck, in welchem 2 Seiten gleich lang sind.

„ Nehmet die Grundseite wagrecht vor euch, und zeichnet 2 senkrechte von ihren Endpunkten u. s. w. (F. 31.)

Da der Vereinigungspunkt der beiden gleichen Schenkel gleich weit von den Endpunkten der Grundseite liegt, so muß er in der Mitte zwischen beiden senkrechten sein; daher sind die Abweichungswinkel und auch die Winkel an der Grundseite einander gleich. Es gilt daher auch das Umgekehrte des obigen Satzes.

2) Wenn in einem Dreieck 2 Seiten gleich sind, so sind auch die Winkel gleich, welche diesen Seiten gegenüber liegen, oder:

Im gleichschenkligen Dreieck sind die Winkel an der Grundseite einander gleich.

Die beiden obigen Sätze lassen sich auch gemeinschaftlich so ausdrücken:

3) **In einem Dreieck stehen gleiche Seiten und gleiche Winkel einander gegenüber.**

(Die Auflösungen sind im Wesentlichen nach Ladomus, und haben für die Anschauung hinlängliche Klarheit. Soll der Verstand aber vollkommen befriedigt werden, so müßte man zeigen, wie im ersten Falle die beiden Seiten, im 2ten Falle die beiden Winkel auf vollkommen gleiche Weise bestimmt, und daher gleich sind; d. h. das Dreieck muß sich selbst decken, wenn man es einmal in seiner Lage läßt, und es alsdann so umwendet, daß die entgegengesetzten Endpunkte der Grundseite auf einander liegen.)

§. 34.

Sätze über das gleichschenklige Dreieck.

Die Spitze des gleichschenkligen Dreiecks liegt in der Mitte zwischen den beiden senkrechten Linien. Nimmt man also die Grundseite wagerecht vor sich, so liegt die Spitze gerade über ihrer Mitte.

1) **Die Spitze des gleichschenkligen Dreiecks liegt senkrecht über der Mitte der Grundseite.**

Zieht man aus der Spitze des gleichschenkligen Dreiecks eine g. L. ad F. 31 nach der Mitte der Grundseite, so muß diese also senkrecht auf derselben sein. Die beiden Dreiecke adb und adc sind einander gleich, weil alle 3 Seiten derselben gleich sind (§. 30), und es ist daher das gleichschenklige Dreieck sammt dem Winkel an der Spitze halbirt.

2) Die Linie aus der Spitze des gleichschenkligen Dreiecks nach der Mitte der Grundseite ist senkrecht auf derselben, und halbirt den Winkel an der Spitze, so wie das ganze Dreieck.

3) Wenn man den Winkel an der Spitze eines gleichschenkligen Dreiecks halbirt, so muß die Linie, durch welche dieses geschieht, auf der Grundseite senkrecht sein, und nach ihrer Mitte gehen.

4) Wenn man aus der Spitze des gleichschenkligen Dreiecks eine Linie auf die Grundseite senkrecht zieht, so halbirt sie die Grundseite, den Winkel an der Spitze, und das ganze Dreieck.

Der Lehrer hat bei diesen Sätzen nur zu zeigen, daß immer dieselbe Linie entsteht, man mag nehmen welche Bestimmung man will

Diese Sätze lassen sich sehr gut benutzen, um die Sätze §. 28—31 zu wiederholen, und den Schülern Anleitung zur Aufstellung eines strengen geometrischen Beweises zu geben. Er lasse sie diesen selbst erfinden, und gebe ihnen dazu folgende Anleitung. — Zuerst müssen sie den aufgestellten Satz mit Beziehung auf die Figur ausdrücken — Anwendung auf die Figur. — Dann müssen sie zwischen Voraussetzung und Folgerung ausdrücklich unterscheiden, und beide gesondert, und, wenn es angeht, durch Gleichungen ausdrücken.

Endlich müssen sie sich mittelst früherer schon bewiesener Sätze einen Uebergang von der Voraussetzung zur Folgerung suchen, welcher den Beweis ausmacht. — Um dieses durch ein Beispiel deutlich zu machen, wählen wir den zweiten Satz.

Anwendung auf die Figur: (31) Wenn im gleichschenkligen Dreieck a b c aus der Spitze a, eine Linie a d nach der Mitte d der Grundseite b c gezogen wird, so steht sie auf b c senkrecht, und halbirt den Winkel a, und das Dreieck abc.

Voraussetzung: 1) ab = ac; 2) bd = dc.

Folgerung: 1) Winkel adb = W. adc = e. R.; 2) Winkel dab = W. dac; 3) Dreieck abd = Dr. acd.

Beweis: ab = ac, Voraussetzung 1.
bd = cd, — 2.
ad = ad

Daher (nach §. 30) Dr. abd = Dr. acd: Folgerung 3. Da nun die Dreiecke deckend sind, so ist: Wkl. abd = W. adc. = R. aus §. 8, 4) Folgerung 1. und Wkl. dab = W. dac. Folg. 2.

Auf ähnliche Weise lasse er die übrigen Sätze behandeln. Die Kinder erhalten dadurch nicht nur eine richtige Einsicht in den Bau eines Beweises, sondern werden auch andere ihnen vorkommende Beweise besser verstehen lernen.

Die Abweichungswinkel eines gleichschenkligen Dreiecks sind zusammen genommen so groß als der Winkel an der Spitze, denn sie ergänzen ja die Winkel an der Grundseite zu 2 Rechten. Da sie nun gleich sind, so ist jeder halb so groß als der Winkel an der Spitze.

Es wird dieses auch dadurch sehr leicht erweislich, wenn man aus der Spitze ein Loth auf die Grundseite herabläßt. (§. 34, 4 und §. 13, 3.)

5) Der Abweichungswinkel eines gleichschenkligen Dreiecks ist halb so groß, als der Winkel an der Spitze.

Verlängert man einen der gleichen Schenkel durch die Spitze, so entsteht ein äußerer Winkel, welcher (nach §. 17, 3) so groß ist, als die beiden Winkel an der Grundseite zusammen genommen, und, da beide gleich sind, doppelt so groß, als jeder derselben.

6) Der äußere Winkel an der Spitze des gleichschenkligen Dreiecks ist doppelt so groß, als der Winkel an der Grundseite. — Auch umgekehrt:

7) Wenn der äußere Winkel eines Dreiecks doppelt so groß ist, als einer seiner innern Gegenwinkel, so ist das Dreieck ein gleichschenkliges. (§. 17, 3 und 32, 1.)

§. 35.

Uebungen in Bestimmung der Winkel des gleichschenkligen Dreiecks.

Wenn der Abweichungswinkel gegeben ist so findet man nun leicht den Winkel an der Spitze.

Der Abweichungswinkel sei $\frac{1}{2}$, $\frac{1}{3}$, $\frac{2}{5}$, $\frac{3}{5}$, $\frac{5}{7}$, $\frac{8}{11}$ eines Rechten, so ist der Winkel an der Spitze 1 R. $\frac{4}{3}$, $\frac{4}{5}$, $\frac{6}{5}$, $\frac{4}{7}$, $\frac{6}{11}$ eines Rechten.

Der Abweichungswinkel sei 20° 40° 36° 45° so ist der Winkel an der Spitze 40° 80° 72° 90°.

Eben so leicht findet man aus dem Abweichungswinkel auch den Winkel an der Grundseite des gleichschenkligen Dreiecks, dessen Ergänzungswinkel er ist, §. 12.

Ist jener $\frac{1}{2}$, $\frac{1}{3}$, $\frac{2}{5}$, $\frac{3}{5}$, $\frac{2}{7}$, $\frac{3}{11}$ e. R; 20° 40° 36° 45° so ist dieser $\frac{1}{2}$, $\frac{2}{3}$, $\frac{3}{5}$, $\frac{2}{5}$, $\frac{5}{7}$, $\frac{8}{11}$ e. R; 70° 50° 54° 45°.

Wenn dagegen der Winkel an der Spitze des gleichschenkligen Dreiecks gegeben ist, so findet man nun auch leicht den Abweichungswinkel, und mittelst dieser den Winkel an der Grundseite.

Ist der W. an d. Sp. 1 R. $\frac{4}{3}$, $\frac{2}{5}$, $\frac{4}{5}$, $\frac{3}{4}$, $\frac{5}{6}$, $\frac{1}{3}$ e. R., so ist der Abweichungsw. $\frac{1}{2}$, $\frac{2}{3}$, $\frac{1}{5}$, $\frac{2}{5}$, $\frac{3}{8}$, $\frac{5}{12}$, $\frac{1}{6}$ e. R. und der W. a. d. Grunds. $\frac{1}{2}$, $\frac{1}{3}$, $\frac{4}{5}$, $\frac{3}{5}$, $\frac{5}{8}$, $\frac{7}{12}$, $\frac{5}{6}$ e. R.

Ist d. W. a. d. Sp. 100°, 80°, 68°, 75°, 97° so ist d. Abweichungsw. 50°, 40°, 34°, 37½°, 48½° und der W. a. d. Grunds. 40°, 50°, 56°, 52½°, 41½°.

Ist endlich der Winkel an der Grundseite gegeben, so kann man nun mittelst des Abweichungswinkels den Winkel an der Spitze finden.

Ist d. W. a. d. Grunds. $\frac{1}{2}$, $\frac{2}{3}$, $\frac{3}{4}$, $\frac{4}{7}$, $\frac{7}{11}$ e. R., so ist d. Abweichungsw. $\frac{1}{2}$, $\frac{1}{3}$, $\frac{1}{4}$, $\frac{3}{7}$, $\frac{4}{11}$ und d. W. a. d. Sp. — 1 R. $\frac{2}{3}$, $\frac{1}{2}$, $\frac{6}{7}$, $\frac{8}{11}$ e. R.

Ist d. W. a. d. Grunds. 45°, 60°, 30°, 54°, 71° so ist d. Abweichungsw. 45°, 30°, 60°, 36°, 19° und der W. a. d. Sp. 90°, 60°, 120°, 72°, 38°.

Die Auflösungen der Aufgaben, welche hier den Kindern vorgelegt werden, sind ganz so, wie §. 12, und müssen immer mit Hinweisung und Hinblick auf die Figur (31) gemacht werden. Es stehe hier noch die Auflösung einer etwas schwereren Aufgabe.

Frag. Wenn der Winkel an der Spitze eines gleichschenkligen Dreiecks $\frac{3}{5}$ eines Rechten ist, wie groß ist der Winkel an der Grundseite?

Antw. Wenn der W. an der Sp. $\frac{3}{5}$ e. R. ist, so ist der W. a. d. Grundseite $\frac{7}{10}$ e. R.

Aufl. Wenn ich den Winkel a. d Sp. in 3 gleiche Theile theile, so ist jeder Theil nach der Aufgabe $\frac{1}{5}$ e. R. Da ich aber von diesen 3 Theilen die Hälfte nicht nehmen kann, ohne einen Theil wieder zu theilen, so stelle ich mir den Winkel a. d. Sp. lieber in 6 gleiche Theile getheilt vor. Ein solcher Theil ist dann ein halbes Fünftel oder $\frac{1}{10}$ e. R. Der Abweichungswinkel ist nun halb so groß, enthält also $\frac{3}{10}$ e. R., und der Winkel an der Grundseite, als sein Ergänzungswinkel $\frac{7}{10}$ e. R.

Wenn der Abweichungswinkel kleiner wird, was wiederfährt dem Winkel an der Grundseite? was dem an der Spitze?

Je kleiner der Abweichungswinkel, desto größer der Winkel an der Grundseite, — desto kleiner der Winkel an der Spitze.

Je kleiner der Winkel an der Grundseite, desto größer der Abweichungswinkel, desto größer auch der Winkel an der Spitze.

Je kleiner der Winkel an der Spitze, desto kleiner der Abweichungswinkel, desto größer aber der Winkel an der Grundseite.

Wenn der Abweichungswinkel um etwas bestimmtes ($\frac{1}{5}$, $\frac{2}{7}$, 5° ꝛc.) wächst, um wieviel wächst der W. an der Spitze? um wieviel nimmt der W. an der Grundseite ab?

Eben so, wenn der Winkel an der Spitze, oder der Winkel an der Grundseite wächst oder abnimmt.

Die Kinder müssen sich dieses Wachsen oder Abnehmen der Winkel in Gedanken construiren, indem sie die gleichen Schenkel sich um die Endpunkte der Grundseite schwenken lassen.

Wenn der Winkel an der Spitze $\frac{4}{5}$, $\frac{6}{7}$, $\frac{3}{4}$ des Winkels an der Grundseite ist, was ist jeder für ein Theil des Rechten? u. s. w.

§. 36.

Gleichschenkliges Dreieck mit Winkeln von bestimmter Größe.

Ziehet man aus der Spitze eines Dreiecks eine Senkrechte auf die Grundlinie, so heißt die Strecke ad F. 31 die Höhe. Die Höhe eines Dreiecks ist das Loth von der Spitze auf die Grundlinie. Man erhält dadurch jedesmahl 2 rechtwinklige Dreiecke, welche im gleichschenkligen Dreiecke einander gleich sind.

Ist nun der Abweichungswinkel eines gleichschenkligen Dreiecks ein halber Rechter, wie im Dreieck abc (F. 32), so muß sowohl der Winkel an der Grundseite, als auch der halbe Winkel an der Spitze ein halber Rechter sein. Denkt man sich ferner das Dreieck adc abgesondert, und ac als Grundseite, so ist ad = dc nach § 31. 1., und das Dreieck adc ist auch gleichschenklig. Da nun abc ein gleichschenkliges und bei a rechtwinkliges Dreieck, ad dessen Höhe, d die Mitte der Grundseite ist, (§ 34. 4.) so hat man den folgenden Satz:

1) Im gleichschenklig rechtwinkligen Dreiecke ist die Höhe so groß als die halbe Grundseite.

Wird der Abweichungswinkel und mit ihm der Winkel an der Spitze kleiner, so wird die Höhe größer als die halbe Grundseite; wird er größer, so wird die Höhe kleiner.

Im gleichschenklig spitzwinkligen Dreiecke ist die Höhe größer als die halbe Grundseite.

Im gleichschenklig stumpfwinkligen Dreiecke ist die Höhe kleiner als die halbe Grundseite.

Aufgaben. Wenn der Winkel an der Grundseite $\frac{2}{3}$, $\frac{2}{5}$, $\frac{3}{5}$, $\frac{4}{7}$, $\frac{4}{9}$ eines Rechten oder 30°, 40°, 45°, 55°, 70° ist, wie groß ist der Abweichungswinkel, der Winkel an der Spitze, und wie verhält sich die Höhe zur Grundseite?

Auflösung. Wenn d. W. a. d. Grunds. 40° ist, so ist der Abweichungswinkel 50°, der Winkel a. d. Sp. 100° und die Höhe größer als die halbe Grundseite.

Ist der Abweichungswinkel $\frac{1}{3}$ e. R. (F. 33) so ist sowohl der Winkel an der Grundseite, als auch der Winkel an der Spitze $\frac{2}{3}$ eines Rechten. Die Winkel sind also alle gleich. Welche Seite man nun auch als Grundseite ansieht, so erscheint das Dreieck immer als ein gleichschenkliges. (§ 33) Seine Seiten sind daher alle 3 gleich, und es ist ein gleichseitiges. § 32.

2) Wenn der Winkel an der Grundseite oder an der Spitze des gleichschenkligen Dreiecks $\frac{2}{3}$ e. R. ist, so ist jeder von den gleichen Schenkeln so groß als die Grundseite, und das Dreieck ein gleichseitiges.

Wird der Winkel an der Grundseite kleiner, also der Winkel an der Spitze größer als $\frac{2}{3}$ e. R. so wird jeder von den gleichen Schenkeln kleiner als die Grundseite.

Wird hingegen der Winkel an der Grundseite größer, der Winkel an der Spitze kleiner als $\frac{2}{3}$ e. R., so wird jeder von den gleichen Schenkeln größer als die Grundseite.

Aufgaben. Wenn der Winkel an der Grundseite $\frac{3}{4}$, $\frac{5}{6}$, $\frac{2}{7}$, $\frac{3}{7}$, $\frac{5}{8}$ e. R. oder 50°, 70°, 83° ist, wie groß ist der Abweichungswinkel, der Winkel an der Spitze? wie verhält sich die Höhe zur Grundseite? wie jeder von den gleichen Schenkeln zur Grundseite?

Eben so, wenn der Winkel an der Spitze gegeben ist.

3) Wenn der Winkel an der Grundseite eines gleichschenkligen Dreiecks (F. 34) $\frac{1}{3}$ e. R. (oder der W. a. d. Sp. $\frac{4}{3}$ e. R.) ist, so ist die Höhe des Dreiecks halb so groß als einer von den gleichen Schenkeln. — Warum? Man zeichne unterhalb der Grundseite ein gleiches Dreieck, wie oberhalb derselben u. s. w.

Wird der Winkel an der Grundseite kleiner als $\frac{1}{3}$, der Winkel an der Spitze also größer als $\frac{4}{3}$ e. R. so wird die Höhe kleiner als der halbe Schenkel, im entgegengesetzten Falle aber größer. Aufgaben wie vorhin.

Alle diese Sätze lassen sich nun auch umkehren. Es mögen hier nur die Hauptsätze ohne die Beweise stehen, die sich an den nämlichen Figuren leicht führen lassen.

4) Wenn in einem gleichschenkligen Dreiecke die Höhe der halben Grundseite gleich ist, so ist das Dreieck ein gleichschenklig rechtwinkliges.

5) Im gleichseitigen Dreieck sind alle Winkel gleich, und jeder $\frac{2}{3}$ e. R. oder 60°

6) Wenn in einem gleichschenkligen Dreiecke die Höhe der Hälfte eines Schenkels gleich ist, so beträgt der Winkel an der Grundseite $\frac{1}{3}$, der Winkel an der Spitze $\frac{4}{3}$ e. R.

[Diese Sätze bilden in Verbindung mit dem Pythagoräischen Lehrsatze die Grundlage einer eigenen Wissenschaft, der Trigonometrie.]

§. 37.

Ungleichseitiges Dreieck.

Wir haben beim gleichschenkligen Dreiecke die ungleiche Seite die Grundseite genannt. Man kann aber in einem jeden Dreiecke eine von den Seiten, welche man will, die Grundseite und ihre unendliche Verlängerung die Grundlinie nennen. In Beziehung auf diese Grundseite ist dann der

Scheitelpunkt des gegenüberstehenden Winkels die Spitze. Man versteht nun leicht, welche Winkel Winkel an der Grundseite und an der Spitze sind. Die beiden andern Seiten nennen wir die Schenkel des Dreiecks; sie sind nämlich die Schenkel des Winkels an der Spitze. Die Höhe des Dreiecks ist auch hier die Senkrechte aus der Spitze auf die Grundlinie.

Uebung an Fig. 35. Ist bc die Grundseite, so ist a die Spitze, ab und bc die Schenkel des Dreiecks, die Senkrechte aus a auf bc die Höhe. — Ist ab die Grundseite, so ist c die Spitze, ac und bc die Schenkel u. s. w. Wenn in Fig. 38 bc die Grundseite ist, so ist a die Spitze, ab und ac die Schenkel; die Höhe würde hier die Senkrechte aus a auf die als unendliche Linie gedachte bc sein.

Ist der eine Winkel an der Grundseite größer als der andere, so sind auch die Abweichungswinkel ungleich. (F. 36.) Die beiden Schenkel entfernen sich also ungleichmäßig von den Senkrechten, und können sich nicht in der Mitte zwischen beiden, sondern nach der Seite zu, wo der kleinere Abweichungswinkel liegt, vereinigen. Der Vereinigungspunkt muß daher demjenigen Endpunkte der Grundseite näher liegen, an welchem der kleinere Abweichungswinkel, oder der größere Winkel an der Grundseite liegt. Da nun jede Seite des Dreiecks die Grundseite sein kann, so folgt daraus:

1) Dem größern Winkel im Dreieck liegt die größere Seite, dem kleinern die kleinere Seite gegenüber.

Nimmt

Nimmt man an, daß die beiden Schenkel des Dreiecks ungleich sind, so muß die Spitze dem einen Endpunkte der Grundseite näher sein als dem andern. Sie kann sich daher nicht in der Mitte zwischen den beiden Senkrechten befinden, sondern muß nach der Seite des kurzen Schenkels liegen. Hier ist also der kleinere Abweichungswinkel und der größere Winkel an der Grundseite, und es folgt:

2) **Der größeren Seite eines Dreiecks liegt der größere, der kleineren der kleinere Winkel gegenüber.**

Will der Lehrer den ersten dieser beiden Sätze, der hier bloß auf Anschauung gegründet ist, beweisen, so lasse er erst das gleichschenklige Dreieck dbc zeichnen, den Winkel bcd vergrößern, und zeige, daß ba = cd + da größer als ca sei. (§ 24, 2) Der zweite Satz folgt schon daraus, daß den ungleichen Seiten weder gleiche Winkel (35, 1) noch der größern der kleinere Winkel gegenüberstehen kann.

38.

Rechtwinkliges, stumpfwinkliges Dreieck.

Da in einem Dreieck nur Ein Winkel ein rechter oder ein stumpfer sein kann, so lassen sich seine Seiten bequem nach ihrer Lage in Beziehung auf diese Winkel als Anliegende und Gegenüberliegende bezeichnen. Beim rechtwinkligen Dreieck führen die Anliegenden noch den, eigentlich dasselbe sagenden, Namen der **Katheten**, die Gegenüberliegende heißt die **Hypotenuse**.

Im rechtwinkligen Dreiecke sind nun die beiden andern Winkel spitz, und also jeder für sich kleiner als der rechte. (16) Dem rechten Winkel muß daher eine größere Seite gegenüberliegen als jedem der spitzen. (37, 1)

1) **Im rechtwinkligen Dreieck ist die Hypotenuse größer, als jede der Katheten.** (F. 37.)

Dieselben Gründe finden auch beim stumpfwinkligen Dreieck ihre Anwendung.

2) **Im stumpfwinkligen Dreieck ist die Gegenüberliegende größer als jede der Anliegenden.**

39.

Entfernung.

Von einem Punkte c (F. 39.) können nach der geraden Linie ab unendlich viele Linie gezogen werden, deren Länge vom Punkt c bis zur Linie ab, wie der Augenschein lehrt, sehr verschieden ist. Unter diesen aber ist die Senkrechte cd kürzer als jede andere, z. B. cf, denn im rechtwinkligen Dreiecke cdf ist cf die Hypotenuse, und daher größer als jede der Katheten. Den kürzesten Weg von einem Orte zum andern nennt man aber die Entfernung. Man kann daher den Satz behaupten:

1) Die Senkrechte von einem Punkte auf eine gerade Linie ist die Entfernung des Punkts von der Linie.

2) Die Höhe eines Dreiecks ist die Entfernung der Spitze von der Grundlinie.

Stellt man sich vor, die Linie cd schwenkte sich um den Punkt c, so wird die Strecke bis zur g. L. immer größer und größer, und ist nirgend in zwei Lagen auf derselben Seite der Senkrechten gleich. So ist z. B. ch nothwendig größer als cg, denn in dem stumpfwinkligen Dreieck cgh ist ch die Gegenüberliegende, folglich größer als die Anliegende cg. (38, 2)

40.

Rechtwinkliges Dreieck mit Winkeln von bestimmter Größe.

Jedes gleichschenklige Dreieck wurde von der Senkrechten aus der Spitze in zwei gleiche rechtwinklige Dreiecke eingetheilt. Es wird daher nicht schwer sein, die Sätze, welche § 36 in Beziehung auf das gleichschenklige Dreieck aufgestellt wurden, hier zur Uebung in Beziehung auf das rechtwinklige, seine Hälfte, auszudrücken. Der 2te und 3te Satz § 36 fallen hier zusammen, da die Katheten im Dreieck ihrer Lage nach nicht unterschieden sind.

1) Wenn der eine von den spitzen

Winkeln des rechtwinkligen ein halber Rechter (45°) ist, so ist das rechtwinklige Dreieck ein gleichschenkliges.

Ist der eine von den spitzen Winkeln größer oder kleiner als ein halber Rechter, so sind die beiden Katheten ungleich.

2) Ist der eine spitze Winkel $\frac{2}{3}$ eines Rechten (60°), der andere folglich $\frac{1}{3}$ e. R. (30°), so ist die kleine Kathete halb so groß als die Hypotenuse. Ist er größer als 60°, so ist die kleinere Kathete weniger denn halb so groß als die Hypotenuse.

Beide Sätze lassen sich auch umkehren

3) Sind in einem rechtwinkligen Dreiecke beide Katheten gleich, so ist jeder von den spitzen Winkeln ein halber Rechter. (45°.)

4) Ist in einem rechtwinkligen Dreiecke die eine der Katheten halb so groß, als die Hypotenuse, so ist der eine von den spitzen Winkeln $\frac{2}{3}$ e. R. der andre $\frac{1}{3}$ e. R.

Man zeichne ein rechtwinkliges Dreieck, worin der eine spitze Winkel (F. 40) $b = \frac{1}{3}$ R. $= 30°$, nehme die Hypotenuse bc als Grundseite, und ziehe die Höhe ad, so ist: 1) $ad = \frac{1}{2}\,ab$; 2) $ac = \frac{1}{2}\,bc$; 3) $cd = \frac{1}{2}\,ac$; 4) $cd = \frac{1}{4}\,bc$; 5) $bd = \frac{3}{4}\,bc$; 6) $bd = 3\,cd$; 7) $ac = \frac{2}{3}\,bd$ u. s. w.

Der Lehrer lasse diese Verhältnisse aufsuchen, beweisen und durch Worte ausdrücken, aber nur um die Kinder zu üben, nicht um das Gedächtniß damit zu beschweren. Fällt man wieder von d aus ein Perpendikel dc auf ab, von c ein Perpendikel ef auf bc u. s. w., so kann man die Uebungen noch reichhaltiger machen.

Einen sehr reichen Vorrath von Uebungen der innern Construktion findet der Lehrer, wenn er von den Stücken, wodurch ein Dreieck vollkommen bestimmt ist, das Eine wachsen oder abnehmen, und dann jedesmal untersuchen läßt, was den übrigen nicht gegebenen Seiten oder Winkeln wiederfährt. Es würde hier zu weitläuftig werden, dieses im Einzelnen durchzuführen. Wer hierüber ausführliche Belehrung sucht, findet dieselbe in Thibaut Grundriß der reinern Mathematik. Göttingen 1809 S. 180 u. f.

B. Gegenseitige Bestimmungen zwischen Seiten und Winkeln im Viereck.

Bei den Dreiecken haben wir zuerst die Fälle, in welchen die Figur vollkommen bestimmt war, untersucht, und dann aus den Verhältnissen der Winkel die Verhältnisse der Seiten, und umgekehrt, hergeleitet. Denselben Gang könnten wir auch bei den vier= und mehrseitigen Figuren wählen. Das Ergebniß dieser Untersuchung würde sein, daß im Allgemeinen, so wie beim Dreieck an den Seiten und Winkeln 3 Stücke fehlen dürfen, daß aber in manchen Fällen noch Zweideutigkeiten und Unbestimmtheiten übrig bleiben. Man übergeht indeß diese Untersuchungen in den Anfangsgründen am zweckmäßigsten, da sie verwickelt wer den würden, und da, wie schon in der Verbindungslehre §. 39 gezeigt ist, jede sowohl vierseitige als auch mehrseitige Figur, sich auf dreifache Art aus Dreiecken zusammen setzen, und in Dreiecke zerlegen läßt.

Bei den Dreiecken mußten alle 3 Seiten ungleich gerichtet sein. Beim Viereck ist dieses aber nicht erforderlich, und es sind schon Linien nach 2 Richtungen im Stande ein Viereck zu bilden. Dieses als das einfachste unter allen (in gewisser Rücksicht noch einfacher als das Dreieck), haben wir das spåthige Viereck (Parallelogramm) genannt (Verbindungslehre §. 34), und kennen bereits mehre Sätze, welche seine Winkel betreffen. (§. 20, 4 — 8.)

(Der Lehrer lasse diese Sätze hier wiederholen.)

§. 41.
Verhältniß der Seiten, und darauf gegründete Eintheilung des spåthigen Vierecks.

Aus §. 20 wissen wir schon, daß es rechtwinklige und schiefwinklige spåthige Vierecke giebt. Nimmt man die eine Seite des rechtwinkligen spåthigen Vierecks (F. 41) wagrecht vor sich, so sind die beiden anliegenden senkrecht, die gegenüberstehende ist auch wagrecht. — Da die Senkrechten gleich gerichtet sind, und sich also weder zu- noch abneigen, so müssen die wagrechten zwischen ihnen gleich lang sein. — Nimmt man eine von den jetzt Senkrechten wagrecht vor sich, so ergiebt sich eben so, daß auch diese gleich lang sind.

1) Im Rechtecke sind die gegenüberstehenden Seiten gleich.

Wenn man 2 gleichlaufende Linien hat (F. 42), und man zeichnet von der einen 2 oder mehr Senkrechte auf die andre, so zeigen diese die Entfernung der beiden gleichlaufenden an (§. 39), und sind auch gleichlaufend, und gleich lang. Man kann dieses allgemein so ausdrücken:

2) Gleichlaufende Linien sind überall gleich weit von einander entfernt.

Nimmt man in einem schiefwinkligen spàthigen Vierecke (F. 43) die eine Seite wagerecht vor sich, und zeichnet von den beiden Endpunkten derselben Senkrechte bis an die verlängerte gegenüberstehende Seite, so müssen die beiden schrägen Seiten des spàthigen Vierecks, da sie gleich gerichtet sind, auch gleich viel von den Senkrechten in ihrer Richtung abweichen (die Winkel a und b müssen gleich sein). Sie müssen sich daher gleichmäßig von der Senkrechten entfernen, und die obere Wagerechte in gleichen Abständen von den Senkrechten treffen. So viel also von der obern wagerechten Seite des Rechtecks auf der einen Seite abgeht, so viel kommt auf der andern hinzu. Die obere wagerechte Seite des schiefwinkligen spàthigen Vierecks ist also auch so groß als die Grundseite.

Nimmt man eine von den beiden andern Seiten des späthigen Vierecks wagerecht vor sich, und zur Grundseite an, so sieht man eben so, daß auch diese gleich sein müssen. Also

3) In jedem späthigen Viereck sind die gegenüberstehenden Seiten gleich lang.

In einem späthigen Vierecke kann man eine beliebige Seite als Grundseite nehmen. Die Entfernung derselben von der ihr gegenüberstehenden und gleichlaufenden Linie ist dann die Höhe des späthigen Vierecks.

Zeichnet man 2 gleichlaufende Linien, die von 2 andern gleichlaufenden durchschnitten worden, so erhält man immer ein späthiges Viereck, in welchem derjenige Theil einer jeden Linie eine Seite ist, der zwischen den beiden gleichlaufenden nach der andern Richtung liegt. Man kann daher den Satz auch so ausdrücken:

4) Gleichlaufende, so weit sie zwischen Gleichlaufenden liegen, sind gleich lang. (Parallelen zwischen Parallelen sind gleich).

Der strenge Beweis ist zwar nicht so anschaulich, darf aber, zumal er leicht und kurz ist, doch nicht übergangen werden. Man ziehe nämlich in dem späthigen Vierecke (F. 24) die Diagonale, so zerfällt dasselbe in 2 Dreiecke, deren Winkel gleich sind. (§ 20. 8) Da nun beide Dreiecke auch eine gemeinschaftliche Seite (die Diagonale) haben, so sind sie deckend (§ 29) und die gegenüberstehenden Seiten des späthigen Vierecks sind gleich lang. Dieser Satz enthält die 3 übrigen nun in sich.

Die anliegenden Seiten in einem späthigen Viereck können jedes Verhältniß haben. Stellt man sich vor, daß die beiden wagerechten Linien (F. 41 und 43) weiter aus einander rückten, so würden die senkrechten oder schrägen Seiten nach und nach immer länger, und zuletzt größer als die wagerechten Seiten werden. Sie müssen ihnen daher auch gleich werden können. Jede Art der späthigen Vierecke wird daher in 2 Unterarten zerfallen, je nachdem die anliegenden Seiten einander gleich sind oder nicht.

Eintheilung der späthigen Vierecke.

A. Rechtwinkliche späthige Vierecke.

a. gleichseitige. Diese nennt man Quadrate oder Gevierte. F. 44.

5) Ein Quadrat ist ein gleichseitig-rechtwinkliges (späthiges) Viereck.

b. nicht gleichseitige. Diese heißen Rechtecke im engern Sinn, oder auch länglige Rechtecke. (Oblongen)

B. Schiefwinklige Vierecke.

a. gleichseitige. Eine solche Figur heißt eine Raute oder ein Rhombus. F. 45.

6) Eine Raute ist ein gleichseitig-schiefwinkliges (späthiges) Viereck

b. nicht gleichseitig. Dieses sind die am wenigsten bestimmten späthigen Vierecke. (F. 43)

Von ihnen gilt daher nur, was von spåthigen Vierecken überhaupt behauptet wird. Will man sie als besondere Gattung unterscheiden, so nennt man sie rautenähnliche Vierecke, oder Rhomboiden.

Der Lehrer lasse von den Kindern Quadrate, Rechtecke u. s. w. an Tischen, Thüren, Fenstern, Wänden u. s. w. aufsuchen.

42.

Vollkommene Bestimmungen der spåthigen Vierecke.

Da in einem spåthigen Viereck durch Einen Winkel die übrigen bestimmt sind, (§ 20. 7) und die gegenüberstehenden Seiten gleich sein müssen, (§ 42. 3) so sind durch 2 Seiten und den zwischenliegenden Winkel auch die übrigen Seiten und Winkel, folglich die ganze Figur bestimmt.

1) 2 Seiten und der von ihnen eingeschlossene Winkel bestimmen ein spåthiges Viereck vollkommen; oder:

Wenn in einem spåthigen Viereck 2 Seiten und der eingeschlossene Winkel oben so groß sind, als dieselben Stücke in einem andern spåthigen Vierecke, so sind beide vollkommen gleich, oder deckend.

Wenden wir die hier gefundene Wahrheit nun auf die näher bestimmten Vierecke an, so finden wir:

2) Ein Quadrat ist durch Eine Seite vollkommen bestimmt; oder

Wenn 2 Quadrate eine gleiche Seite haben, so sind sie vollkommen gleich, oder deckend.

Da nämlich alle 4 Seiten gleich, und alle Winkel Rechte sind, so bleibt nichts mehr willkührlich, sobald Eine Seite gegeben ist.

3) **Ein Rechteck ist durch 2 aneinander stoßende Seiten vollkommen bestimmt,** oder

Wenn in einem Rechteck zwei aneinander stoßende Seiten so groß sind, als dieselben Stücke in einem andern Rechtecke, so sind beide einander vollkommen gleich oder deckend.

4) **Eine Raute ist durch Eine Seite und durch Einen Winkel vollkommen bestimmt;** oder

Wenn in einer Raute Eine Seite und Ein Winkel so groß ist, als dieselben Stücke in einer andern Raute, so sind beide einander vollkommen gleich, oder deckend.

Zieht man in einem spåthigen Viereck die Diagonale, so erhält man 2 deckende Dreiecke (§ 41 Anm.) Ist von diesen das Eine bestimmt, so hat man auch das andere, und folglich das spåthige Viereck. Daher finden hier alle die Sätze (§ 28 bis 31), wodurch ein Dreieck bestimmt wurde, auch auf das spåthige Viereck ihre Anwendung.

§. 43.

Bestimmung der Vierecke als spåthig.

Wir haben bisher die Vierecke immer als spåthig vorausgesetzt. Jetzt wollen wir sehen, wodurch ein Viereck als ein spåthiges bestimmt wird. Daß dieses der Fall sei, wenn die Winkel von der Beschaffenheit sind, daß daraus der Parallelismus der Seiten folgt, daß also z. B. alle Vierecke mit lauter rechten Winkeln auch spåthige sind, versteht sich, gehört aber eigentlich nicht hier her.

Wir wollen zuerst annehmen, daß in einem Vierecke die gegenůberstehenden Seiten gleich lang sind. (F. 46) Nimmt man nun die eine Seite als Grundseite, so sind nach der Voraussetzung die beiden anstoßenden Seiten gleich lang. Aber nach der Voraussetzung ist auch die obere Seite der untern gleich, oder die obern Endpunkte der an die Grundseite anstoßenden Seiten stehen eben so weit von einander entfernt als die untern. Sie werden daher weder zusammenlaufend, noch auseinanderlaufend sein können, sondern gleichlaufend sein můssen. Auf gleiche Weise erhellt dann, daß auch die beiden andern Seiten gleichlaufend sind, die Figur also ein spåthiges Viereck sein muß.

1) **Wenn in einem Viereck die gegenůberstehenden Seiten gleich sind, so ist das Viereck ein spåthiges.**

Einen leichten Beweis dieses Satzes erhält man, wenn man die Diagonale zieht. Das Viereck zerfällt dadurch in 2 Dreiecke, welche nach § 30 deckend sind. Die an der Diagonale liegenden Wechselswinkel (z. B. a und b. F. 47) sind daher gleich, die Seiten folglich gleichlaufend und das Viereck ein spåthiges.

Beispiel an einem zusammengeknüpften und gehörig eingetheilten Faden, den man in den Theilungspunkten ausspannt.

4 gleichlange oder 2 und 2 gleichlange Ståbchen, die man zu einem Viereck gehörig zusammensetzt.

Ist eine Stube, an welcher die gegenüberstehenden Wände gleich lang sind, nothwendig ein Rechteck?

Das Parallellineal.

Wenn 2 Seiten eines Vierecks gleich lang und gleichlaufend sind, so nehme man, um zu untersuchen, ob das Viereck ein spåthiges sei, die beiden gleichlaufenden Seiten wagerecht vor sich, und errichte in den beiden Endpunkten der untern Senkrechte. (F. 43) Fällt die obere genau zwischen diese beiden Senkrechten, so ist das Viereck ein Rechteck. Fällt sie nicht zwischen dieselben, so muß doch die obere Rechtecksseite der obern Seite des Vierecks gleich sein, da beide der untern wagerechten Seite gleich sind. Soviel also auf dem einen Ende von der obern Seite des Rechtecks abgeht, so viel kommt auf dem andern hinzu, die schrägen Seiten weichen also von den senkrechten gleich viel ab, daher müssen sie gleichlaufend und das Viereck ein späthiges sein. Also

2) **Wenn in einem Vierecke 2 Seiten gleichlang und gleichlaufend sind, so ist das Viereck ein späthiges.**

Einen leichten Beweis erhält man auch hier, wenn man die Diagonale zieht. F. 47. Da nämlich die obere und die untere Seite gleichlaufend sind, so müssen die Wechselswinkel a und b (nach § 13. 5) und daher (nach § 28) die entstehenden Dreiecke deckend sein, woraus das übrige wie bei 1 folgt. — Aus 2 folgt:

3) **Wenn man zwischen 2 g. L. 2 gleiche und gleichlaufende Strecken ziehen kann, (F. 43) so sind die Linien gleichlaufend.**

4) **Wenn man aus irgend 2 Punkten einer g. L. 2 gleiche Lothe auf eine andere g. L. fällen kann, (F. 42) so ist sie mit ihr gleichlaufend, und also überall gleich weit von ihr entfernt.**

C. Gegenseitige Bestimmungen zwischen Seiten und Winkeln in Figuren mit mehr als 4 Seiten.

Unter den Figuren mit mehr als 4 Seiten wollen wir bloß diejenigen einer besondern Untersuchung unterwerfen, welche lauter gleiche Seiten und lauter gleiche Winkel haben. Was die Größe der Winkel betrifft, vergleiche §. 22.

§. 44.

Von den regelmäßigen Figuren.

Daß es Figuren mit gleichen Seiten und Winkeln von jeder möglichen Seitenzahl, die nur größer als 2 ist, geben kann, erhellet so:

Man kann sich um einen Punkt 3, 4, 5 und mehr gleiche Winkel stetig herumliegend vorstellen (F. 48.) Macht man nun die Schenkel aller dieser Winkel gleich lang, und verbindet die Endpunkte der zunächst gelegenen durch gerade Linien, so entstehen lauter vollkommen gleiche Dreiecke, welche zusammen genommen eine regelmäßige Figur mit lauter gleichen Seiten und Winkeln bilden.

1) Eine Figur, welche lauter gleiche Seiten und Winkel hat, heißt eine regelmäßige Figur.

2) Der Punkt, von welchem hier die Zeichnung der regelmäßigen Figur ausging, welcher von allen Winkelpunkten und von allen Seiten gleich weit entfernt liegt, heißt der Mittelpunkt.

3) Die geraden Strecken vom Mittelpunkte bis an die Winkelpunkte heißen größte Halbmesser, und sind einander gleich.

4) Die Senkrechten aus dem Mittel-

punkte auf die Seiten heißen kleinste Halbmesser, und sind auch gleich.

5) Der Winkel, welchen 2 größte Halbmesser bilden, heißt der Mittelpunktswinkel (Centriwinkel); derjenige, den 2 Seiten bilden, der Vieleckswinkel, (Polygonwinkel) und sein Nebenwinkel der äußere Vieleckswinkel der regelmäßigen Figur.

Die Größe dieser letztern Winkel für alle Arten regelmäßiger Figuren zeigt die Tafel zu §. 22. Der Mittelpunktswinkel aber ist dem äußern Vieleckswinkel gleich, wie man schon daraus sieht, daß beide auf völlig gleiche Weise aus der Zahl der Seiten der regelmäßigen Figur berechnet werden können. Vergleiche §. 22. 1 und §. 7. Auch läßt sich leicht zeigen, daß beide den Vieleckswinkel zu 2 Rechten ergänzen.

6) Ein regelmäßiges Vieleck ist durch die Anzahl seiner Seiten, und durch die Länge einer Seite oder eines Halbmessers völlig bestimmt; oder

Zwei regelmäßige Vielecke von gleicher Seitenzahl sind deckend, wenn die Seite (oder der Halbmesser) des einen eben so groß ist, als die Seite (oder der entsprechende Halbmesser) des andern.

Zur Uebung lasse der Lehrer die größten Halbmesser, die kleinsten Halbmesser, und die Seiten der regelmäßigen Figuren nach Anleitung des §. 36 mit einander vergleichen. So ist z. B. im

re-

regelmäßigen Dreieck der kleinste Halbmesser halb so groß, als der größte; im regelmäßigen Viereck ist der kleinste Halbmesser gleich der halben Seite; im regelmäßigen Sechseck ist der größte Halbmesser der Seite gleich, u. s. w.

7) Je größer die Anzahl der Seiten in einer regelmäßigen Figur wird, desto kleiner muß jede Seite in Vergleichung mit dem größten Halbmesser sein, und desto weniger wird sich der größte Halbmesser von den kleinsten unterscheiden.

8) Stellt man sich ein Vieleck von unendlich vielen Seiten vor so wird der größte und kleinste Halbmesser in demselben nicht mehr zu unterscheiden; alle Halbmesser werden gleich, und die Seiten werden in Vergleichung mit dem Halbmesser unendlich klein sein.

Zweite Abtheilung.

Gegenseitige Bestimmung zwischen Seiten und Winkeln in mehren Figuren

oder

Von der Aehnlichkeit der Figuren.

Wenn durch die Seiten und Winkel in einer Figur die Seiten und Winkel in andern Figuren bestimmt werden sollen, so müssen diese Figuren in gewissen Beziehungen gegen einander stehen, sie müssen einander verwandt, es muß die eine gewissermaßen nur die Wiederholung der andern sein.

Diese Verwandtschaft der Figuren zu einander nennt man nun die Aehnlichkeit, und es ist dieser Abschnitt daher auch von der Aehnlichkeit der Figuren überschritten worden.

44.

Begriff der Aehnlichkeit.

Wenn man von einem Gegenstande, z. B. von einem Hause eine Abbildung haben will, so soll diese eine Wiederholung des Hauses seiner Form nach sein. Man kann eine Abbildung nun zwar nicht immer eben so groß machen, als der abzubildende Gegenstand ist; dessen ungeachtet aber kann man ihr eine Gleichheit der Form geben, so daß sich aus ihr der Gegenstand leicht erkennen läßt. Man sagt dann, die Abbildung sei dem Gegenstande ähnlich.

Anm. (Daß bei Kindern die Vorstellung der Aehnlichkeit schon sehr früh so weit klar wird, daß sie z. B. Menschen, Thiere, Häuser auf kleinen Kupferstichen leicht erkennen, davon liegt die Ursache ohne Zweifel darin, daß, indem sie die Gegenstände selbst bald in größerer bald in kleinerer Entfernung sehen, sie ihnen auch kleiner und größer erscheinen, ja daß sie diesen stetigen Uebergang bei allmähliger Entfernung oder Annäherung unmittelbar anschaun. Das Bild eines Menschen von 1 Zoll Höhe, in einer Entfernung von 1 Fuß gesehen, erscheint ungefähr eben so groß, als der Mensch selbst, aus der Entfernung von 60 Fuß gesehen. Der Versuch über die Richtigkeit dieser Behauptung läßt sich am leichtesten anstellen, wenn man, nahe am Fenster stehend, das Bild eines auf der Straße vorbeigehenden Menschen auf der Fensterscheibe zwischen 2 Finger faßt. Auf ähnliche Art stellt sich bei dem Wachsthum der meisten organischen Körper ein stetiger Uebergang von einer Größe zur andern bei fast gleichbleibender Form dar.)

Was zur Aehnlichkeit gehört, läßt sich am besten an einer Abbildung zeigen.

(Der Lehrer zeichne eine Abbildung irgend eines Gegenstandes, den die Kinder sogleich vergleichen können, an die Schultafel, z. B. eine Thür, ein Fenster.)

Wenn die Abbildung der Thür z. B. ein Fünfeck wäre, oder schiefe Winkel hätte, so würde sie der Thür nicht ähnlich sein, da diese ein Viereck ist, und rechte Winkel hat. Wenn ferner die Thür wie ein Quadrat gezeichnet wäre, so würde man der Abbildung gleichfalls keine Aehnlichkeit beilegen können; hierzu gehört also noch, daß die Seiten der Abbildung sich eben so verhalten müssen als die Seiten des Gegenstandes. So ist z. B. die Breite der Thür halb so groß als ihre Höhe; eben so muß es auch bei der Abbildung sein. Dagegen hat der Spiegel (die Füllung) der Thür gleiche Höhe und Breite, und dieß muß daher auch bei der Abbildung Statt finden.

Figuren von gleich viel Seiten nennt man ähnlich, wenn sie gleiche Winkel, und wenn ihre Seiten gleiches Verhältniß haben. (Vergl. Vorübungen §. 15.)

Das Zeichen der Aehnlichkeit ist folgendes ∾: Daß Figuren, welche deckend sind, auch ähnlich sein müssen, folgt aus dem obigen Satze sogleich. Man bezeichnet daher die vollkommene Gleichheit auch durch das zwischengesetzte Zeichen. ≌

Da von 2 ähnlichen Figuren die eine nur eine Abbildung der andern ist, so muß jede Seite der einen eine Seite der andern vorstellen. Diese nennt man nun gleichnamige Seiten, weil man sie gern mit demselben Buchstaben aus verschiedenen Alphabeten bezeichnet.

Welche Seiten gleichnamig sind, ergiebt sich leicht aus dem bloßen Anblicke der Figuren. Bei Dreiecken hat man sie am leichtesten, wenn man darauf merkt, welche von ihnen gleichen Winkeln gegenüber liegen, bei andern Figuren müssen sie doch zwischen gleichen Winkeln liegen.

45.

Erzeugung ähnlicher Figuren.

Es wird sich nun sogleich ein Rechteck zeichnen lassen, welches einem andern ähnlich ist, wenn man seinen Seiten dasselbe Verhältniß giebt, welches die Seiten des gegebenen Rechtecks haben. Die Seiten des gegebenen und des gezeichneten Rechtecks werden sodann eine Verhältnißgleichung

(Vorübungen §. 17) bilden müssen, sie werden verhältnißmäßig (proportionirt) sein.

Um nun dieses Verhältniß richtig zu zeichnen, kann man nach Anleitung der Vorübungen einen doppelten Weg einschlagen.

Entweder man sucht den Zeiger zu dem Verhältnisse zweier anliegenden Seiten des Rechtecks mittelst ihres gemeinschaftlichen Maaßes (Vorübungen §. 11) oder mittelst eines Längenmaaßes (Vorübungen §. 12.) In diesem Falle zeichnet man die eine Seite des Rechtecks willkührlich, und multiplizirt sie sodann mit dem Zeiger, wodurch man die andre Seite erhält. Die Verhältnisse sind gleich (nach Vorübungen §. 16, 1.)

Oder man theilt beide Seiten des Rechtecks in eine gleiche Anzahl gleicher Theile, und macht die Seiten des zu zeichnenden Rechtecks so groß als ein oder mehre Theile von den gleichnamigen Seiten des gegebenen. Das Verhältniß bleibt wieder dasselbe (Vorübungen 16, 2.)

Im ersten Falle sind die Glieder jedes Verhältnisses gleichmaaßig, die entsprechenden Glieder dagegen gleichzahlig. (Vorübungen 18, 1.) — Im zweiten Falle sind die Glieder jedes Verhältnisses gleichzahlig, die entsprechenden dagegen gleichmaaßig. (Vorübungen 18, 2.)

Da eine Verhältnißgleichung nun immer richtig bleibt, wenn man auch ihre innern Glieder vertauscht, (Vorüb. §. 19) so kann man die Erklärung ähnlicher Figuren auch so fassen:

Figuren von gleich viel Seiten sind einander ähnlich, wenn ihre Winkel gleich sind, und je 2 entsprechende Seiten dasselbe Verhältniß haben.

Es können hier nun Uebungen an andern Figuren, besonders an späthigen Vierecken folgen, um das Bisherige zum klaren Bewußtsein zu bringen. *)

46.

Stetige Erzeugung ähnlicher Figuren.

Es giebt aber noch ein der Raumlehre eigenthümliches Verfahren, eine unendliche Menge ähnlicher Figuren stetig hervorzubringen, welches sich am leichtesten an einem Dreieck zeigen läßt. Man zeichne einen Winkel an die Schultafel, der sich nach der Seite öffnet, (F. 49) und nehme ein Bleiloth, lasse es zuerst über den Scheitelpunkt fallen, und führe es sodann nach der Seite des Winkels, wobei man immer das Dreieck im Auge behält, welches von den beiden Schenkeln und dem

*) [Bei allen Abbildungen, welche nach einem verjüngten Maaßstabe gemacht sind, also bei allen Charten, Planen, Rissen u. s. w. sind immer die sämmtlichen Seiten einer und derselben Figur als gleichmaaßig zu betrachten; dagegen muß man die entsprechenden oder gleichnamigen Seiten, d. h. die Seite des abgebildeten Gegenstandes und die in der Abbildung diese darstellende Seite, als gleichzahlig ansehen. Die Verhältnißgleichungen zwischen den Seiten der ähnlichen Figuren werden am besten so aufgestellt, daß immer zwei gleichnamige Seiten Glieder eines Verhältnisses werden.]

Lothe gebildet wird. Das Dreieck bleibt seiner Gestalt nach immer dasselbe, obgleich es immer größer und größer wird.

Da nun seine Winkel immer gleich bleiben, und alle seine Seiten immer gleichmäßig wachsen, so müssen alle so entstandenen Dreiecke ähnlich sein.

Das Loth ist hier bloß als die bequemste Art, gleichlaufende Linien zu erhalten, gewählt worden. Statt seiner nehme man ein Anschlaglineal mit einer beweglichen Leiste, und verschiebe es vom Rande der Tafel, oder ein Dreieck, welches längst eines Lineals verschoben wird.

Auf gleiche Weise kann man auch eine unendliche Menge ähnlicher Vierecke, Fünfecke u. s. w. stetig nach einander hervorbringen. Man denke sich 2, 3 oder mehr Winkel stetig aneinander gelegt. In jedem Winkel rücke eine Linie immer gleichlaufend mit sich selbst vor, jedoch so, daß diese vorrückenden Linien immer in den zwischenliegenden Schenkeln zusammen treffen, (F. 50) so erhält man immer der Gestalt nach dieselbe Figur, und alle so nach und nach entstandenen Figuren sind einander ähnlich.

Man kann diese Construktion von jedem Punkte innerhalb oder außerhalb einer Figur vornehmen, so wie es hier von einem Winkelpunkte aus geschehen ist. — Um sich dieses zu versinnlichen, stelle man sich nur die sämmtlichen mit der Grundfläche parallelen Durchschnitte einer geraden oder schiefen Pyramide in den Grund gelegt vor, so, als ob die Pyramide aus der sogenannten Vogelperspective gezeichnet wäre. Die Pyramide selbst, von ihrer Spitze aus construirt, ist nur die äußere Darstellung dieser irgendwo gehemmten Construktion, welche aber durch die bei ihr hinzu kommende dritte Dimension mehr auseinander tritt.

Anhang einiger Aufgaben.

Man erhält durch das Bisherige die Mittel, eine gegebene begrenzte Linie oder Strecke auch noch auf eine andre Art als durch das Augenmaaß in eine vorgeschriebene Anzahl gleicher Theile, oder in dem nämlichen Verhältnisse zu theilen, wie eine andere getheilt ist.

Es soll z. B. ab F. 51. in 5 gleiche Theile getheilt werden. Man ziehe von a aus unter einem beliebigen Winkel eine Linie ac, und trage auf dieselbe mittelst eines Zirkels oder gut getheilten Maaßstabes 5 gleiche Theile auf, deren Größe willkührlich ist. (Vorüb. §. 8.) Es seien mnopq die Theilungspunkte. Von dem letzten ziehe man eine Gerade nach b, und von den übrigen Gleichlaufende nach ab, welche dieselbe in rstu treffen mögen, so sind diese die wichtigen Theilungspunkte derselben. Die Richtigkeit dieser Theilung ergiebt sich aus dem Obigen, wenn man sich vorstellt, die mit qb gleichlaufende Linie fg sei von a aus gegen qb vorgerückt, wo sie dann nach und nach in die Lagen mr, ns, ot, pu gekommen sein müßte.

Um die Gleichheit der Theile auf ab auf erwiesene Sätze zurück zu führen, ziehe man rv gleichlaufend mit ac. Das Dreieck rvs ist deckend mit arm, weil die Winkel gleich, und $rv = mn = am$ ist. (§. 29.)

Es soll ferner ab F. 52 in demselben Verhältnisse getheilt werden, wie ac in m und n getheilt ist. Man trage beide Linien unter einem beliebigen Winkel an einander, und ziehe bc. Hiermit gleichlaufend ziehe man mr und ns, so ist ab durch die Punkte r und s in demselben Verhältnisse getheilt, wie ac durch die Punkte m und n.

Mit diesen Aufgaben ist eine andere nahe verwandt, welche man so ausdrücken kann: zu 3 gegebenen begrenzten Linien die 4te Verhältnißlinie oder die 4te Proportionale zu finden. Wenn z. B. a, b, c (F. 53) die gegebenen sind, so soll eine 4te d gefunden werden, so daß $a : b = c : d$ eine richtige Verhältnißgleichung sei. — Man zeichne einen beliebigen Winkel A, mache $AM = a$, $AN = b$, und auf den andern Schenkel $AR = c$, ziehe MR, und damit gleichlaufend NS, so ist AS die gesuchte und gleich d.

Wären b und c einander gleich, die Verhältnißgleichung daher eine stetige, so müßte man eben so verfahren; die Aufgabe aber könnte man so ausdrücken: zu 2 gegebenen Linien die dritte stetige Verhältnißlinie oder die dritte Proportionale zu finden.

47.

Aehnlichkeit der Dreiecke.

Wenn man ein Dreieck zeichnen soll, welches einem gegebenen ähnlich ist, so ist die einfachste Art dieses zu thun die, daß man durch dasselbe eine Linie mit einer Seite gleichlaufend zieht, wie de F. 54, wo $ade \sim abc$ wenn $de \parallel bc$. — Man stelle sich nur vor, eine Linie durch a sei mit bc gleichlaufend von a gegen bc vorgerückt, so sind die Dreiecke, welche sich stetig entwickelt haben, alle einander ähnlich (§ 46); daher auch die beiden ade und abc, welches nur 2 aus der unendlichen Menge besonders hervorgehobene und zur Anschauung gebrachte sind.

1) Wenn man von einem Dreieck durch eine g. L., welche mit einer Seite gleichlaufend ist, ein kleineres Dreieck abschneidet, so ist dieses dem Ganzen ähnlich.

Wir wollen bei diesem Falle noch etwas verweilen, um die einzelnen Verhältnisse näher durchzugehen. — Wenn Dr. ade ∾ abc, so müssen auch ihre Seiten verhältnißgleich (proprotionirt) sein, oder

$$ad : ab = ae : ac$$

Man theile nun die Seite ab mittelst eines gemeinschaftlichen Maaßes zwischen ad und db (Vorüb. 11) so in gleiche Theile, daß ein Theilungspunkt in d fällt. [Es ist dieses allerdings nicht immer möglich, doch müssen wir hier diese Fälle übergehen] Von den sämmtlichen Theilungspunkten denke man sich gleichlaufende mit bc gegen ac gezogen, so wird auch ac in eben so viel gleiche Theile getheilt werden. Eine von diesen gleichlaufenden ist nun de, daher werden auch ad und ae und eben so db und ec gleich viel Theile enthalten, oder gleichzahlig sein. (Vorüb. § 16)

Dagegen sind ad und db, und eben so ae und ec in gleiche große Theile getheilt, oder gleichmaaßig (Vorüb. § 11) Es ist daher nicht nur die obige, sondern es sind auch die folgenden Verhältnißgleichungen richtig;

$$db : ab = ec : ac$$

$$ad : db = ae : ec$$

weil die Glieder jedes Verhältnisses gleichmaaßig, die entsprechenden Glieder dagegen gleichzahlig sind, (Vorüb. § 18) und man kann den allgemeinen Satz behaupten:

2) Wenn man durch ein Dreieck eine Linie mit einer Seite gleichlaufend zieht, so werden dadurch die beiden andern Seiten in Theile getheilt, welche sowohl unter sich, als auch mit den ganzen Seiten verhältnißgleich (proportionirt) sind.

Daß dieser Satz auch in seiner Umkehrung wahr sei, ergiebt sich daraus, daß die Linie de, welche durch irgend einen Punkt d der Seite des Dreiecks geht, eben so genau bestimmt ist, wenn festgesetzt wird, daß sie durch den Punkt e gehen soll, als wenn angenommen wird, daß sie mit bc gleichlaufend sei. Der Punkt e aber wird dadurch gegeben, daß ae ein durch das Verhältniß ad; ab bestimmter Theil von ac sein soll.

3) Wenn also eine g. Linie die Seiten eines Dreiecks in verhältnißgleiche Stücke schneidet, so ist sie mit der dritten gleichlaufend.

Zieht man df || ac, so ist nach 2

$$ad : ab = fc : bc.$$

Es ist aber im späthigen Viereck defc, fc = de, daher

$$ad : ab = de : bc$$

Diese Verhältnißgleichung mit der ersten unter 1 verglichen, giebt:

$$ad : ab = ae : ac = de : bc$$

d. h. die sämmtlichen Seiten des Dreiecks ade sind mit den Seiten des Dreiecks abc verhältnißgleich, und da beide Dreiecke gleiche Winkel haben, so sind sie ähnlich. Der Satz 1 ist also hierdurch vollständig erwiesen.

48.

Fortsetzung.

Wir sind nunmehr dahin gelangt, über die Aehnlichkeit der Dreiecke auf dieselbe Weise Sätze aufzustellen, wie § 28 — 31 über die Gleichheit derselben.

1) **Zwei Dreiecke, welche gleiche Winkel haben, sind ähnlich.**

Es sei in den Ddr. ABC und abc F. 55 A = a, B = b und C = c; man mache AD = ab und ziehe DE || BC so ist △ ADE ≌ abc. (§ 29) Nun ist ADE ∾ ABE; daher wird auch abc ∾ ABC sein müssen.

2) **Wenn 2 Dreiecke einen gleichen Winkel haben, und die beiden ihn einschließenden Seiten verhältnißgleich (proportionirt) sind, so sind die Dreiecke ähnlich.**

Es sei in den Ddr. ABC und abc F. 55 $A = a$ und $AB : ab = AC : ac$. Man nehme $AD = ab$ und $AE = ac$ und ziehe DE, so ist DE || BC. (§ 47 n 3) daher $ADE \sim ABC$ und da $ADE \cong abc$ (§ 28) so ist auch $abc \sim ABC$.

3) **Dreiecke, in denen alle Seiten verhältnißgleich (proportionirt) sind, sind ähnlich.**

Es sei in den Ddr. ABC und abc $ab : AB = ac : AC$ und $ab : AB = bc : BC$. Man nehme $AD = ab$ und $AE = ac$ und ziehe DE, so ist $ADE \sim ABC$. Wenn also das Dreieck ADE mit abc deckend wäre, so würde der Satz bewiesen sein. Es ist schon $AD = ab$ und $AE = ac$. Daß nun auch $DE = bc$ sei, erhellet daraus, daß beide Seiten der gleichvielte Theil von BC sind. Die Dreiecke sind daher deckend nach § 30.

4) **Wenn in 2 Dreiecken je 2 Seiten verhältnißgleich, und die der größern Seite gegenüberstehenden Winkel gleich sind, so so sind die Dreiecke ähnlich.**

Es sei in den Ddr. ABC und abc F. 55 $ab : AB = ac : AC$ und $b = B$, überdieß $AC > AB$, daher auch $ac > ab$. Man nehme $AD = ab$, $AE = ac$ und ziehe DE, so muß diese mit BC parallel sein (§ 47. 3.) daher ist $ADE \sim ABC$. Da nun auch der Winkel $ADE = B$ (§ 13. 1) $= b$, so ist $ADE \cong abc$, (§ 31) folglich auch $abc \sim ABC$.

Anm. Daß diese 4 Sätze über die Aehnlichkeit der Dreiecke denen über die vollkommene Gleichheit derselben § 28 — 31 ganz entsprechend sind, wird man sogleich bemerken. Am wenigsten fällt dieses von dem ersten in die Augen; allein man wird sich davon überzeugen, wenn man überlegt, daß was dort Gleichheit der Seiten, hier nur Verhältnißgleichheit ist. Nun muß zwar zwischen jeden 2 Seiten ein Verhältniß statt finden, eine Verhältnißgleichung kann aber erst dann entstehen, wenn 4 Seiten in Betrachtung gezogen worden, von denen je 2 gleiches Verhältniß haben. Da nun in dem Satze § 29 nur die Gleichheit Einer Seite in beiden Dreiecken gefordert wurde, so darf darauf hier gar keine Rücksicht genommen werden.

49.

Folgerungen.

Aus den bisherigen Sätzen über die Aehnlichkeit der Dreiecke ergiebt sich leicht, daß folgende Figuren einander ähnlich sind.

1) Alle gleichseitigen Dreiecke sind einander ähnlich, denn ihre Winkel sind gleich (§ 36. 5); auch haben ihre Seiten gleiches Verhältniß.

2) Alle gleichschenklig rechtwinkligen Dreiecke sind einander ähnlich, denn die Winkel des einen sind den Winkeln des andern gleich (§ 40. 4), die Dreiecke daher ähnlich (§ 48. 1)

3) Gleichschenklige Dreiecke sind einander ähnlich, wenn sie einen gleichen Winkel an der Spitze, oder auch an der Grundseite haben. Im ersten Falle folgt die Aehnlichkeit sogleich aus (§ 48 n. 2); im 2ten aus § 48. 4.

4) Dreiecke, von denen man weiß, daß 2 Winkel des einen zweien Winkeln des andern einzeln genommen gleich sind, sind ähnlich. Sind nämlich 2 Winkel gleich, so muß auch der dritte, welcher jene zu 2 Rechten ergänzt, in beiden gleich sein. Die Aehnlichkeit folgt aus § 48. 2.

Anhang.

Vom Zeichnen und vom Gebrauch des verjüngten Maaßstabes.

Um große Dreiecke und andere Figuren im Kleinen abzubilden, entwirft man einen verkleinerten oder verjüngten Maaßstab. Es kann derselbe aus einer willkührlichen Linie gemacht werden, die man in so viel gleiche Theile theilt, als die Absicht erfordert. Z. B. man nimmt eine Linie von 1 Fuß Länge, und theilt sie in 100 gleiche Theile. Nun setzt man fest, was bei einer Ziehung Ein solcher Theil bedeuten soll. Gesetzt er bedeutete 1 Fuß, so würde 1 Fuß des verjüngten Maaßstabes genau der Hundertste Theil eines wirklichen Fußes sein. So stellt AB F. 56 einen Maaßstab von 60 Fuß vor. Sollte nun ein Dreieck abgebildet werden, und es wäre die eine Seite 47 Fuß lang, so mache man die eine Seite der Zeichnung so lang als 47 solcher Theile des verjüngten Maaßstabes. Dieses wird geschehen, wenn man die Strecke desselben von 40 bis 7 in den Zirkel nimmt, und auf die Grundlinie des Dreiecks abträgt. Eben so verfährt man mit jeder andern Seite. Jede Seite der Zeichnung ist also hier der Hundertste Theil von der entsprechenden Seite des großen Dreiecks. Die entsprechenden Seiten beider Figuren sind daher gleichzahlig, und da die Seiten jeder Figur unter sich gleichmaaßig sind, so sind alle 3 Seiten beider Figuren verhältnißgleich, die Dreiecke folglich ähnlich nach § 48. 4.

Kennt man blos die 3 Winkel eines Dreiecks, so weiß man zwar, daß, wenn man diese in der Zeichnung eben so groß macht, die Dreiecke ähnlich werden müssen, es ist aber doch nicht der Maaßstab der Zeichnung bestimmt, und man kennt das Verhältniß zwischen den gleichnamigen Seiten beider Figuren nicht. Um dieses angeben zu können, genügt es also nicht, zu wissen, daß sie ähnlich sind; man muß wenigstens das Verhältniß zweier Seiten bestimmt haben, alsdann kennt man auch das der übrigen, welches von diesem in nichts verschieden ist. Hierauf wird das, was zu Ende des vorigen § gesagt ist, neues Licht erhalten.

50.

Aehnlichkeit getheilter Dreiecke.

Da von 2 ähnlichen Dreiecken das eine nur eine Wiederholung des andern ist, und sich von demselben in nichts als in der Größe unterscheidet, so läßt sich erwarten, daß durch die Aehnlichkeit noch manche andere Bestimmungen gegeben sein werden, und daß solche Strecken in beiden, welche gleiche Lage haben, auch verhältnißmäßig sein werden. Unter den Linien, welche im und am Dreieck gezogen werden können, haben wir schon früher die Höhe der besondern Betrachtung unterworfen.

fen. Es sei demnach in den beiden ähnlichen Dreiecken ABC und abc F. 57. A, a die Spitze, BC, bc die Grundseite. Man ziehe AD, ad auf die Grundlinie senkrecht, so werden auch die beiden Dreiecke ABD und abd ähnlich sein müssen, da die Winkel bei B und b, § 41 bei D und b (§ 7. 4) gleich sind (§ 49. 4); daher ist

ad : AD = ab : AB = bc : BC d. h.

1) In ähnlichen Dreiecken verhalten sich die Höhen wie die Grundseiten, oder wie 2 andere gleichnamige Seiten.

Man könnte auf den Gedanken kommen, ob nicht das Dreieck ABD dem ABC ähnlich sein müsse, da beide einen gleichen Winkel bei B haben: allein man würde bald finden, daß dieses auch der einzige gleiche Winkel in beiden Dreiecken sei, wenn nicht etwa der Winkel bei A, wie in F. 58 ein Rechter wäre; dann ist aber das Dreieck ABC ein rechtwinkliges, und von diesem können wir den Satz aufstellen:

2) Wenn in einem rechtwinkligen Dreiecke aus der Spitze des rechten Winkels eine Senkrechte auf die Gegenüberstehende gefällt wird, so wird dasselbe dadurch in 2 Dreiecke getheilt, welche sowohl unter sich, als auch dem ganzen Dreiecke ähnlich sind.

Es sind nämlich zuerst alle Dreiecke rechtwinklig. Ferner enthalten die beiden Dreiecke ABC und ABD den nämlichen Winkel B; sie sind daher ähnlich § 49 4.

Eben so enthalten ABC und ADC den Winkel C, und sind daher auch ähnlich; auch ist $\angle$ p = B. — Endlich sind auch die beiden Dreiecke ABD und ACD ähnlich, weil der Winkel p = B.

Da wir hier mehre ähnliche Dreiecke gefunden haben, so wird sich eine Menge von Verhältnißgleichungen aus den Seiten derselben bilden lassen, von denen wir hier die stetigen ausheben wollen. [Der Lehrer kann die Aufstellung der übrigen als Uebungen für die Kinder benutzen]. Um diese zu finden kommt es zuerst darauf an, sich recht deutlich zu machen, welche Seiten gleichnamig sind. Dieses sind aber zuerst diejenigen Seiten, welche dem rechten Winkel gegenüberliegen, d. h. die Hypotenusen (§ 38). Von den beiden Katheten jedes Dreiecks liegt die eine dem größern, die andere dem kleinern Winkel gegenüber. Wir wollen jene die größern, diese die kleinern Katheten nennen.

Die beiden Stücke, in welche die Hypotenuse des großen Dreiecks durch das Loth getheilt wird, sollen die beiden Abschnitte derselben heißen. Da die Verhältnißgleichungen stetige werden sollen so müssen immer 2 Glieder gleich sein; man muß daher solche Seiten zu den mittlern Gliedern wählen, welche 2 Dreiecken gemein sind. Es haben aber jede 2 Dreiecke nur Eine Seite gemein, nämlich

a) das Dreieck ABD und ADC die Seite AD, welche in dem erstern die größere, in dem andern die kleinere Kathete ist. Nimmt man nun in jedem Dreieck die der Lage von AD in andern entsprechende, so erhält man folgende Verhältnißgleichung:

$$BD : AD = AD : DC$$

3) **Wenn man in einem rechtwinkligen Dreiecke ein Loth aus der Spitze des rechten Winkels auf die Hypotenuse fällt, so ist dieses die mittlere Proportionale zwischen den beiden Abschnitten der Hypotenuse.**

b) das Dreieck ABD und ABC die Seite AB, welche in dem ersten die Hypotenuse, in dem andern die größere Kathete ist, daher

BD : AB = AB : BC

c) das Dreieck ADC und ABC die Seite AC, welche in dem ersten auch die Hypotenuse, in dem andern aber die kleinere Kathete ist; daher

DC : AC = AC : BC.

4) **In einem rechtwinkligen Dreieck ist jede von den beiden Katheten die mittlere Proportionale zwischen dem ihr zunächst liegenden Abschnitt und der ganzen Hypotenuse.**

51.

Aehnlichkeit mehrseitiger Figuren.

Es ließen sich nun über die Aehnlichkeit vierseitiger fünf- und mehrseitiger Figuren auf die nämliche Weise, wie §. 47. über die Aehnlichkeit der Dreiecke Sätze aufstellen; wir wollen dieselben aber aus denselben Gründen, wie die, welche in der Einleitung zu §. 41. über die vollkommene Bestimmung der Figuren angegeben sind, hier übergehen, und hier nur zeigen wie die Aehnlichkeit anderer Figuren sich auf die Aehnlichkeit der Dreiecke zurückführen läßt. Da jede mehrseitige Figur durch Diagonalen (Gehren) in Dreiecke zerlegt wird, so wird uns dieses auf das Verhältniß der Diagonalen zu den Seiten führen. — In Beziehung auf das spathige Viereck ergiebt sich aus dem Begriffe der Aehnlichkeit (§. 42) folgender Satz:

1) Spathige Vierecke sind einander ähnlich, wenn Ein Winkel in denselben gleiche Größe, und die ihn einschließenden Seiten gleiches Verhältniß haben. Es sind nämlich auch die übrigen Winkel beider Figuren einander, (§. 20. 7), und die beiden andern Seiten den ihnen gegenüberliegenden gleich (§. 41. 3).

Theilt man 2 mehrseitige ähnliche Figuren, wie ABCDE und abcde F. 59 von einem gleichnamigen Winkelpunkte A, a, aus durch Diagonalen in Dreiecke, so fällt sogleich in die Augen, daß diese ähnlich sein werden. Um dieses klarer zu übersehen erinnere man sich, was es heißt, 2 Figuren sind ähnlich. § 42. Da $b = B$, und $ab : AB = bc : BC$, so ist $\triangle abc \sim \triangle ABC$, (§ 48. 2) daher $ac : AC = ab : AB = cd : CD$, d. h. die beiden Diagonalen ac und AC verhalten sich eben so, wie irgend 2 gleichnamige Seiten. — Da nun ferner $\angle c = \angle C$, und $\angle bca = \angle BCA$, wegen Aehnlichkeit der Dreiecke, so ist auch das Stück welches von den Winkeln c und C übrig bleibt, wenn man bca und BCA wegnimmt gleich, oder $\angle acd = \angle ACD$, und da die diesen Winkel einschließenden Seiten verhältnißgleich oder proportionirt sind, △ acd ∾ △ ACD, woraus dann wieder folgt daß auch ad sich zu AD wie irgend 2 gleichnamige Seiten verhält. Man hat daher folgende Sätze:

2) Aehnliche Figuren werden durch gleichnamige Diagonalen in ähnliche Dreiecke gelegt.

3) In ähnlichen Figuren verhalten sich 2 gleichnamigen Diagonalen, wie 2 geichnamige Seiten.

Auch umgekehrt

4) Wenn eine Figur aus stetigen Dreiecken mit gemeinsamer Seite (Verbindungslehre § 39) und eine andere aus diesen ähnlichen Dreiecken auf gleiche Weise zusammengesetzt ist, so sind beide einander ähnlich.

Denn zuerst übersieht man sogleich, daß die Winkel gleich sein müssen, indem diejenigen, welche nicht unmittelbar durch die Bedingung gleich sind, wie B und b, E und e F. 59 doch Summen gleicher Stücke sind. Sodann hat man

ac : AC ═══ ab : AB } wegen Aehnlichkeit
ac : AC ═══ bc : AC } der Ddr. abc und ABC.
ac : AC ═══ cd : CD, weil acd ∾ ACD und

ac : AC = ad : AD = de : DE }
ac : AC = ad : AD = ea : EA } ade ∾ ADE.

Sind nun aber alle Verhältnisse der gleichnamigen Seiten dem von ac : AC gleich, so müssen sie auch unter einander gleich sein.

Da endlich vermöge der Aehnlichkeit der beiden Figuren ABCDE und abcde auch:

$$ab : AB = bc : BD = cd ; CD = de ; DE = ea ; EA$$

so ist (nach Vorüb. 19. 2) auch $(ab + bc + cd + de + ea) ; (AB + BC + CD + DE + EA) = ab : AB$. d. h.

5) **Die Peripherien ähnlicher Figuren verhalten sich wie zwei gleichnamige Seiten,**

Man hat dieses auch unmittelbar daraus, daß die Glieder jedes Verhältnisses gleichzahlig, die entsprechenden Glieder dagegen gleichmaaßig sind.

Anm. Durch das Bisherige ist die gleich anfänglich aufgestellte, und durch die Erzeugung ähnlicher Figuren anschaulich gemachte Behauptung, daß von 2 ähnlichen Figuren die eine nur eine Wiederholung der andern sei, und sich von derselben in nichts als in der Größe unterscheide, im Einzelnen nach gewiesen. Der fruchtbarste von allen hier vorgekommenen Sätzen ist der 1ste § 48, da hierbei von der Richtung allein auf das Größenverhältniß der Seiten geschlossen wird, und dieser läßt sich mittelst des unmittelbar vorhergehenden Satzes auf Figuren aller Art anwenden. Nirgends aber läßt sich aus der Richtung allein, also auch nicht aus der Aehnlichkeit, welche aus dieser hervorgeht, eine Länge vollkommen bestimmen. Es muß vielmehr zu jeder Figur, welche einer andern nicht vorliegenden ähnlich ist, das Verhältniß zweier Seiten, oder gewisser Theile derselben, entweder mittelst einer Zahl, oder mittelst eines Maaßstabes, der sich auf ein bekanntes Längenmaaß bezieht, gegeben sein. Einen solchen finden wir auf allen

Seiten, so wie auf allen guten Abbildungen. solcher Gegenstände, auf deren wirkliche Größe es ankommt. Ist derselbe nicht vorhanden, so kann oft die bekannte wirkliche Größe irgend eines Theils die Stelle desselben ersetzen. — Mittelst dieser Verhältnißzahl oder dieses Maaßstabes kann man dann die wirkliche Größe jeder andern Seite, so wie überhaupt jedes andern Theils der Abbildung finden.

52.

Aehnlichkeit regelmäßiger Figuren.

Da in regelmäßigen Figuren alle Seiten und alle Winkel unter sich gleich sind, so folgt sogleich aus dem Begriffe von der Aehnlichkeit.

1) **Regelmäßige Figuren, welche gleich viel Seiten haben, sind einander ähnlich.** So sind also z. B. alle gleichseitigen Dreiecke, alle Quadrate, alle regelmäßigen Fünfecke, Sechsecke u. s. w. einander ähnlich.

Es folgt hieraus nun wieder, daß auch jede 2 gleichnamigen Diagonalen in regelmäßigen Figuren sich wie 2 gleichnamige, oder, da alle Seiten gleich sind, wie 2 Seiten überhaupt verhalten. — Wir haben aber bei den regelmäßigen Figuren noch die Halbmesser kennen gelernt, und es wird deren Verhältniß in ähnlichen Vielecken noch zu untersuchen sein.

Es seien daher ABCDEF und abcdef (F. 60) regelmäßige Vielecke von gleichviel Seiten. Man ziehe von dem Mittelpunkte M, m Halbmesser nach den Endpunkten zweier Seiten, so sind die Dreiecke AMB und abm ähnlich, weil die Mittelpunktswinkel bei M und m gleich sind, (§ 43) und die ihn einschließenden Seiten gleiches Verhältniß haben

daher ist $am : AM = ab : AB$

und $mr : MR = ab : AB$. § 50. 1. d. h.

2) In regelmäßigen Figuren von gleich viel Seiten verhalten sich die größten, und eben so die kleinsten Halbmesser wie die Seiten.

Ein Verhältniß wird aber nicht geändert, wenn man seine Glieder mit derselben Zahl multiplicirt. Wird nun die Seite eines regelmäßigen Vielecks so viel mahl genommen, als dasselbe Seiten hat, so erhält man den Umfang desselben, daher

3) Die Umfänge regelmäßiger Figuren von gleich viel Seiten verhalten sich wie ihre Seiten, folglich auch wie ihre größten oder kleinsten Halbmesser.

4) Stellt man sich mehrere Vielecke von unendlich vielen Seiten vor, so werden diese alle einander ähnlich sein, und ihre Umfänge werden sich wie ihre Halbmesser verhalten. Vergl. § 44. 7.

Vierter Abschnitt.

Größenlehre der Flächen.

§. 53.

Entstehung und Größenverhältnisse des Rechtecks.

Wir haben gesehen, daß, wenn sich ein Punkt fortbewegte, der Weg desselben eine Linie wär.

Man kann sich nun auch vorstellen, daß sich eine Linie fortbewegt, und den Weg der Linie betrachten.

Ist die Linie eine gerade, so ist durch dieselbe schon eine gewisse Richtung gegeben; bewegt sich nun die ganze Linie in derselben Richtung, in welcher sich der Punkt bewegte, durch welchen sie erzeugt wurde, so ist der Weg derselben auch wieder eine Linie; in jedem andern Falle ist der Weg der Linie eine Fläche.

Die Bewegung der Linie kann sehr mannigfaltig sein; wir betrachten hier zunächst den einfachsten Fall, wo eine begrenzte gerade Linie, d. h. eine Strecke, sich in einer Ebene so bewegt, daß jeder Punkt derselben eine g. L. beschreibt, die auf der anfänglich gegebenen senkrecht ist.

Um diesen Fall den Kindern recht deutlich zu machen, zeichne der Lehrer eine wagerechte g. L. an die Schultafel, etwa von der Länge seines Lineals, halte die Schärfe desselben gegen die Tafel, und bewege es eine Strecke senkrecht aufwärts. Die Kinder müssen die von der Geraden bei ihrer senkrechten Fortbewegung durchlaufene Fläche ihrer Begrenzung nach beschreiben. Sie werden leicht finden, daß es ein Rechteck ist. (43, 1)

Der Lehrer lasse nun ähnliche Construktionen von den Kindern vornehmen, indem er sie bald eine Wagerechte in Gedanken senkrecht, bald eine Senkrechte in Gedanken wagrecht fortbewegen läßt, und mache sie auf die Entstehung und das allmählige Wachsthum der Fläche aufmerksam, wobei er sich auf ähnliche Weise mit den Kindern unterreden kann, wie §. 5 in Ansehung der Entstehung und des Wachsthums der Winkel geschehen ist.

Die eine Seite des Rechtecks kann hier die Grundseite, die andre die Höhe genannt werden. Unter einem Rechteck aus 2 begrenzten Linien versteht man ein solches, in welchem die eine die Grundseite, die andre die Höhe ist.

Die Kinder werden leicht finden, daß die Größe der erzeugten Fläche durch die Länge der Grundseite und durch die Entfernung, bis zu welcher sie sich senkrecht fortbewegt vollkommen bestimmt sei.

1) Ein Rechteck ist seinem Flächenraume nach durch die Grundseite und Höhe vollkommen bestimmt; oder

Rechtecke von gleicher Grundseite und Höhe sind einander an Flächenraum vollkommen gleich.

Zeichnet man nämlich zwei gleiche Wagrechte, und läßt beide sich gleich weit senkrecht fortbewegen, so sind die durch die Fortbewegung erzeugten

Flächen auf alle Weise gleich bestimmt, beide Rechtecke würden in Eins zusammenfallen, wenn sie auf derselben Stelle construirt wären; sie sind also deckend. (Vergl. §. 42, 1.) Unter der Größe einer Figur wollen wir künftig stets die Größe des Flächenraumes verstehen, welchen sie enthält.

Wenn man einen Flächenraum durch allmählige senkrechte Fortbewegung einer Wagrechten construirt, so ist unmittelbar klar, daß die Größe desselben genau in demselben Verhältnisse wachsen wird, in welchem die Entfernung wächst, bis zu welcher sich die Wagrechte fortbewegt hat. (F. 61.)

2) Rechtecke über derselben Grundseite verhalten sich wie ihre Höhen. — Man kann sich nun das kleinere Rechteck aus dem größern auch herausheben, und es abgesondert denken. Dieses giebt den Satz

Rechtecke von gleicher Grundseite verhalten sich wie ihre Höhen.

Bewegen sich die Grundseiten zwar gleich weit fort, sind aber selbst ungleich, so würde das eine Rechteck wieder genau in demselben Maaße größer oder kleiner, in welchem seine Grundseite größer oder kleiner ist.

3) Rechtecke von gleichen Höhen verhalten sich wie ihre Grundseiten.

Beide Sätze sind unmittelbar klar, und bedürfen keines weitern Beweises, denn das Rechteck und die ungleiche Dimension entstehen und wachsen, jedes in seiner Art, ganz auf dieselbe Weise, so daß man das

Rechteck als einen breiten Strich ansehen kann. Rechtecke von gleicher Grundseite kann man daher eben so addiren, von einander subtrahiren, mit einer Zahl multiplizieren, theilen und messen, wie dieses in den Vorübungen mit den Strichen geschehen ist. Dasselbe gilt von den Rechtecken von gleicher Höhe, denn beide sind nicht an sich, sondern bloß für die Betrachtung verschieden. Zum Ueberflusse kann der Lehrer noch die ungleichen Abmessungen durch ein gemeinschaftliches Maaß eintheilen (wozu in den Vorübungen §. 11 Anleitung gegeben ist) und durch die Theilungspunkte Parallelen ziehen lassen, (wie Fig. 62 bei Rechtecken von gleicher Grundseite zeigt) wodurch der zweite und dritte Satz auf den ersten zurückgeführt werden. Der Lehrer frage sodann abwechselnd nach dem Verhältnisse der Höhen und nach dem Verhältnisse der Rechtecke; er lasse ferner Uebungen in Theilung und Vervielfältigung der Rechtecke folgen, wie solche §. 4 und 5 der Vorübungen mit den Strichen angestellt sind, und frage beständig nach dem Verhältnisse der Rechtecke und der Seiten derselben. Bei den Uebungen, welche der Lehrer mit den Schülern in der Klasse anstellt, lasse er die Figuren so viel als möglich bloß im Kopfe zeichnen. — Uebungsreihen wie die §. 5 der Vorübungen können entweder gemeinschaftlich gesprochen, oder auch schriftlich aufgesetzt werden. — Bei den Uebungen im Kopfe, von denen hier wieder eine ausführlich folgt, wiederhole ich meine frühere Bemerkung, daß nach jeder dictirten Linie, schnell auf einander folgend, Fragen an die Kinder geschehen müssen, damit ihnen die Construktion, allen ihren Theilen nach, stets klar vor Augen schwebe. Die Uebungen dieser Art sind die bildendsten und machen den Kindern das meiste Vergnügen.

Uebung im Kopfe. (F. 62.)

Zeichnet eine wagrechte begrenzte Linie (Strecke.)

Vom linken Endpunkte derselben zeichnet abwärts eine Senkrechte, so lang als die Wagrechte. —

Wieviel Strecken habt ihr jetzt gezeichnet? Wieviel Senkrechte? Wieviel Wagrechte? Welche von beiden ist länger? Was für einen Winkel bilden beide? Habt ihr jetzt schon eine Figur?

Zeichnet vom rechten Endpunkte der Wagrechten abwärts auch eine Senkrechte, so lang als die Wagrechte. —

Wieviel gerade Strecken habt ihr jetzt? Wieviel Senkrechte? Wieviel Wagrechte? Wieviel schräge? Wie verhalten sich diese Strecken zu einander? Wieviel Winkel bilden sie? Was für Winkel? Welches sind die Schenkel des Winkels zur Rechten? Welches die des Winkels zur Linken. Habt ihr hier schon eine Figur? Warum nicht?

Verbindet jetzt die beiden untern Endpunkte der Senkrechten durch eine gerade Strecke. —

Wie muß diese zuletzt gezogene Strecke gerichtet sein? Warum muß sie wagrecht sein? Wieviel gerade Strecken habt ihr jetzt überhaupt? Wieviel Senkrechte? u. s. w. Wie sind die gegenüber stehenden gerichtet? Wie verhalten sich die Senkrechten zu den Wagrechten in Beziehung auf ihre Länge? Wieviel und was für Winkel habt ihr? Habt ihr jetzt schon eine Figur? Was für eine Figur habt ihr? Wie könntet ihr auch die Erzeugung des Flächenraums dieser Figur aus der Bewegung einer ihrer Seiten denken?

Theilet die obere wagrechte Seite des Quadrats durch einen Punkt in 2 gleiche Theile. —

Von dem Theilungspunkte zeichnet eine Senkrechte bis an die untere wagrechte Seite des Quadrats. —

Wie wird die untere Wagrechte hierdurch eingetheilt? Wieviel senkrechte, wagrechte, schräge Strecken, wieviel Winkel habt ihr, wo liegen sie? — In wieviel Theile wird das ganze Quadrat durch die letzte Senkrechte eingetheilt? Was für Figuren bilden diese Theile? Welches von beiden Rechtecken ist das größere? Warum sind sie gleich? Was ist also jedes für ein Theil vom Quadrat? Wie verhält sich die Grundseite des Rechtecks zur Grundseite des Quadrats, wenn man die Wagrechte — wie wenn man die Senkrechte als Grundseite ansieht? Wie verhalten sich in beiden Fällen ihre Höhen?

Theilet jede Hälfte der obern Wagrechten aufs Neue durch einen Punkt in 2 gleiche Theile. —

Von den Theilungspunkten zeichnet Senkrechte bis an die untere Wagrechte. —

Wieviel Senkrechte habt ihr jetzt überhaupt? Wieviel Wagrechte? Wieviel von den Senkrechten befinden sich im Innern des Quadrats? Wie viele an den Grenzen? In wieviel Theile wird das Quadrat durch diese Senkrechten eingetheilt? Was für Figuren sind diese einzelnen Theile des Quadrats? Wieviel Winkel habt ihr jetzt überhaupt? Wie verhalten sich die Rechtecke, welche entstanden sind, zu einander? Warum sind sie gleich? Wie verhält sich die wagrechte Grundseite des Rechtecks zur Seite des Quadrats? Wie verhalten sich ihre Höhen? Wie verhält sich ein Rechteck zum Quadrate? Welche Ver=

hältnisse sind also gleich? (Das Verhältniß des Rechtecks zum Quadrate ist gleich dem Verhältnisse ihrer Grundseiten, da beide Rechtecke von gleicher Höhe sind.) Wie verhält sich die senkrechte Grundseite des Rechtecks zur Seite des Quadrats? Wie ihre Höhen? Welche Verhältnisse sind also hier gleich? Wenn ihr 2 an einander liegende Rechtecke zusammen nehmt, was bilden diese für eine Figur? Wieviel solcher Rechtecke sind vorhanden, und zwischen welchen Senkrechten liegen sie? (Es sind 3 solcher Rechtecke vorhanden ꝛc.) Wenn man 3 stetig an einander liegende Rechtecke als Eine Figur ansieht, was für eine ist es? Wieviel solcher Rechtecke könnt ihr angeben, und zwischen welchen Senkrechten liegen sie?

Wir wollen das ungetheilte Rechteck das 1ste, das, was aus 2 solchen besteht das zweite, das aus 3 ungetheilten Rechtecken bestehende das 3te Rechteck nennen. —

Wie verhält sich das 1ste Rechteck zum 2ten? wie ihre wagrechten Grundseiten? ihre Höhen? — Wie verhalten sich ihre senkrechten Grundseiten? ihre Höhen? Welche Sätze könnt ihr hier gebrauchen? — Eben so frage der Lehrer über das Verhältniß des 1sten Rechtecks zum 3ten und zum Quadrat; ferner über das Verhältniß des 2ten zum 3ten und zum Quadrat; endlich über das Verhältniß des 3ten Rechtecks zum Quadrat. Die Anzahl der Rechtecke überhaupt, das Quadrat mit eingeschlossen, ist $4 \cdot \frac{5}{2} = 10$. Die Anzahl der Verhältnisse aus je 2 verschiedenen Figuren ist $4 \cdot \frac{3}{2} = 6$. Wäre die obere wagrechte in n gleiche Theile getheilt, so würde man n verschiedene Rechtecke haben, das Quadrat eingeschlossen. Die Anzahl der Rechtecke überhaupt wäre

$\frac{n(n+1)}{2}$ die Anzahl der Verhältnisse, welche sich bilden ließen $\frac{n(n-1)}{1.2}$.

Der Lehrer fürchte nicht, daß die Kinder ermüden werden. Er muß nur rasch und viel fragen, damit ihnen die Figur stets vor Augen schwebe. Eine Uebung wie diese muß höchstens eine halbe Stunde dauern, und kann darin beendigt werden; sie ist aber bildender als langes Dictiren.

§ 54.

Zusammensetzung der Verhältnisse.

Wenn zwei Rechtecke weder gleiche Grundseite noch gleiche Höhe haben, so kann man allemahl ein drittes Rechteck zeichnen, welches mit dem einen gleiche Grundseite, mit dem andern gleiche Höhe hat.

So hat in Fig. 63 das Rechteck A mit B weder gleiche Grundseite noch Höhe. Man nehme deshalb in B, welches die größte Grundseite hat, ein Stück derselben, welches der Grundseite von A gleich ist, und ziehe die Senkrechte, wodurch das Rechteck C abgeschnitten wird.

Nun verhält sich A zu C wie ihre Höhen (§ 53, 2), C zu B wie ihre Grundseiten. Das Verhältniß A zu B wird daher aus dem Verhältnisse der Grundseiten und aus dem Verhältnisse der Höhen bestimmt werden müssen. Beide Verhältnisse in ihre Verknüpfung geben das Verhältniß der Rechtecke.

Man

Man drückt dieses so aus:

1) **Rechtecke sind im zusammengesetzten Verhältnisse ihrer Grundseiten und Höhen.**

2) Wenn die Seiten eines Rechtecks A oder B (F. 64) durch die Seiten eines andern Rechtecks C genau gemessen werden, (Vorüb. § 8) so ist es ein Vielfaches desselben.

Zieht man nämlich die Senkrechten und Wagerechten, so läßt sich das Rechteck A oder B in lauter solche Rechtecke wie C zerlegen. (§ 53, 1). Wievielmahl es in demselben erthalten sei, findet man, wenn man die beiden Quotienten, welche (nach Vorüb. 8) durch das Messen erhalten werden, und welche reine Zahlen sind, multiplizirt. Sovielmahl die Grundseite von C in der Grundseite von A enthalten ist, so viel Rechtecke C lassen sich an der Grundseite von A in eine Reihe legen. Sovielmahl die Höhe von C in der Höhe von A enthalten ist, so viel solcher Reihen von Rechtecken C lassen sich in das Rechteck A hineinlegen. Dieses ist nun also das reine Schema einer Multiplikation.

Mißt man die Grundseiten zweier Rechtecke mit einem gemeinschaftlichen Maaße, und die Höhen gleichfalls (Vorüb. §. 11), zieht dann von den Theilungspunkten Senkrechte und Wagerechte (Fig. 64) so werden beide in kleine Rechtecke getheilt, welche (nach § 53, 1) einander gleich sind. Die beiden Rechtecke A und B verhalten sich dann wie die Mengen kleiner Rechtecke, aus denen sie zusammengesetzt sind. Die Anzahl der kleinern Rechtecke, welche A oder B enthält, wird aber gefunden, wenn man die Zahl der Theile, welche die Grundseite enthält, mit der Zahl der Theile, welche die Höhe enthält, multiplizirt.

Der Lehrer mache dieses den Kindern durch mehre Beispiele recht deutlich. So verhalten sich in den beiden Rechtecken F. 64

die beiden Grundseiten,	wie	5	:	7
die beiden Höhen	—	2	:	6
daher die beiden Rechtecke	wie	10	:	42.

3) **Rechtecke verhalten sich wie die Produkte aus Grundseite und Höhe.** *)

---

*) Das Rechteck ist eigentlich selbst das wahre geometrische Produkt, und die Construktion desselben, wie sie § 53 gezeigt ist, die eigentlich geometrische Multiplikation. Nimmt man den Begriff des Produkts nämlich in seiner reinsten und allgemeinsten Bedeutung, so bezeichnet er das Ergebniß einer Construktion, welches aus einem schon Erzeugten (Construirten) auf gleiche Weise hervorgeht, als dieses Erzeugte aus den ursprünglich Erzeugenden, und die Multiplikation ist so nur eine Construktion in einer höhern Potenz. In der Geometrie ist der Punkt das ursprünglich Erzeugende; aus ihm geht durch jene Construktion die Linie hervor. Machen wir die begrenzte Linie (als das durch die erste Construktion Erzeugte) zur Grundlage einer neuen Construktion, indem wir sie auf gleiche Weise behandeln, wie vorher den Punkt so entsteht das Rechteck. Das Rechteck entsteht also aus der Linie eben so, wie die Linie aus dem Punkte entstand.

So verhält sichs nun auch in der Zahlenlehre. Hier ist das ursprünglich Erzeugende die Einheit,

Da Quadrate auch Rechtecke sind, bei denen aber Grundseite und Höhe gleich sind, so folgt aus dem Obigen:

4) **Quadrate sind im zusammengesetzten Verhältnisse ihrer Seiten, oder sie verhalten sich wie ihre Seiten mit sich selbst multiplizirt.**

Man nennt aber das Produkt einer Zahl, wenn man sie mit sich selbst multiplizirt, die Quadratzahl; daher läßt sich der Satz auch so ausdrücken:

5) **Quadrate verhalten sich wie die Quadratzahlen ihrer Seiten.** Das Quadrat einer Seite AB bezeichnet man durch AB^2

Der Lehrer stelle nun eben so, wie beim vorigen § gezeigt ist, Uebungen an, indem er die Schüler theils auf der Tafel, theils im Kopfe Rechtecke und Quadrate zeichnen, beliebig theilen, und dann die entstandenen Figuren theils unter sich, theils mit den

---

welche in Hinsicht auf die Zahl als schlechthin gegeben angesehen werden muß. Aus dieser geht durch das Zählen (die arithmetische Construktion) die Zahl hervor. Macht man diese nunmehr gebildete Zahl zur Grundlage eines neuen Zählens, indem man sie an die Stelle der Einheit setzt, so erhält man die arithmetische Verbindung zur Multiplikation, welche also nichts anders ist, als eine Zahl auf höherer Stufe, eine Zahl, deren Einheit auch eine Zahl ist. So könnte man etwa sagen, das Rechteck sei eine (begr.) Linie, bei der an die Stelle des erzeugenden Punkts auch eine (begr.) Linie getreten sei. Man würde dann die beiden vorstehenden Sätze auch so fassen können: **Rechtecke sind die geometrischen Produkte aus Grundseite und Höhe, und verhalten sich wie die arithmetischen.**

Ganzen vergleichen läßt. Theilt man z. B. jede Seite eines Quadrats in 4 gleiche Theile und verbindet die Theilungspunkte durch Senkrechte und Wagerechte, so hat man zur Vergleichung und Anwendung der Sätze der beiden letzten § 4 verschiedene Quadrate, und 6, oder wenn man auch auf die gegenseitige Vertauschung der Grundseite und Höhe sieht, noch 12 verschiedene Rechtecke außer jenen Quadraten.

§ 55.
Fortsetzung.

1) Wenn zwei Rechtecke die Beschaffenheit haben, das je eine Seite des einen mit je einer Seite des andern gleichmaaßig ist und eben so je zwei Seiten gleichzahlig sind, so sind die Rechtecke gleich, — denn sie enthalten das Rechteck aus den beiden Maaßen gleich viel mahl.

Erläuterung. In Fig. 65 sind die Grundseiten der Rechtecke A und B durch dasselbe Maaß gemessen, und eben so die Höhen. Dagegen enthält die Grundseite des einen eben so viel gleiche Theile als die Höhe des andern, und umgekehrt. Beide Rechtecke sind demnach Vielfache des Rechtecks C aus den beiden Maaßen, und zwar Gleichvielfache, weil ihre Seiten gleichzahlig sind. (§ 54, 2).

2) Wenn 4 begrenzte Linien eine Verhältnißgleichung bilden, so sind die

Rechtecke aus den innern den Rechtecken aus den äußern Gliedern gleich.

Nach Vorüb. § 18 erkennt man eine richtige Verhältnißgleichung zwischen 4 begrenzten Linien daran, daß je zwei nicht symmetrische Glieder gleichzahlig, und je zwei gleichmaaßig sind. Hieraus folgt aber, daß die Rechtecke aus den symmetrischen Gliedern gleich sind, denn es sind nun je zwei Seiten beider Rechtecke gleichzahlig, und je zwei gleichmaaßig.

3) Wenn zwei Rechtecke gleich sind, und man macht die Seiten jedes Rechtecks zu symmetrischen Gliedern, so entsteht eine richtige Verhältnißgleichung. (Proportion) (F. 65.)

Man messe nämlich die Grundseiten beider Rechtecke mit demselben Maaße, die Höhe des einen theile man in so viel gleiche Theile, als die Grundseite des andern hat, so ergiebt sich aus der Gleichheit der beiden Rechtecke, daß die Höhe des andern so viel solcher Theile als die Grundseite des erstern haben muß; es werden daher je zwei nicht symmetrische Glieder gleichzahlig und je zwei gleichmaaßig.

4) In einer stetigen Verhältnißgleichung (Vorüb. 17) ist das Quadrat der innern Glieder gleich dem Rechtecke aus den beiden äußern.

5) Aehnliche Rechtecke verhalten sich wie die Quadrate gleichnamiger Seiten. (F. 66.)

Man messe die Seiten des einen Rechteckes A mit demselben Maaße, theile die Seiten des andern B in eben so viel gleiche Theile als die gleichnamigen Seiten des erstern hatten, und verbinde die Theilungspunkte durch Linien, welche mit den Seiten der Rechtecke gleichlaufend sind, so erhält man lauter Quadrate, und zwar in beiden Rechtecken gleichviel. (§ 45)

Die Rechtecke verhalten sich folglich wie die kleinen Quadrate (Vorüb. § 16), und diese verhalten sich wie die Quadrate gleichnamiger Seiten.

6) Wenn 4 begrenzte Linien eine Verhältnißgleichung bilden, so bilden auch die über denselben errichteten Quadrate eine Verhältnißgleichung.

Ist (F. 66. b) $A : B = C : D$ so ist auch $A^2 : B^2 = C^2 : D^2$. Man mache nämlich je 2 nicht symmetrische Glieder gleichmaaßig, und je 2 gleichzahlig, (Vorüb. § 18) errichte darüber die Quadrate, und theile sie von den Theilungspunkten ihrer Seiten aus in kleinere Quadrate, so sind die Quadrate über den gleichmaaßigen Gliedern gleichmaaßig, die über den gleichzahligen gleichzahlig, und die Verhältnißgleichung zwischen den Quadraten daher richtig.

§. 56.

Messen der Rechtecke.

Eine Fläche wird mit einer andern gemessen, wenn man untersucht, wie viel mahl die letztere in der erstern enthalten ist. (Vorüb. § 8.) So kann z. B. das Rechteck A (F. 65) mit dem Rechteck C gemessen werden. Man findet hier, daß das letztere in dem erstern 6 mahl enthalten ist. — Es konnte aber auch mit einem andern größern oder kleinern Rechtecke gemessen werden, und dieses würde dann weniger oder mehrmahl darin enthalten sein.

Wenn man einem andern die Größe eines Rechtecks angeben oder beschreiben will, so ist es nicht genug es mit einem beliebigen Rechtecke zu messen, sondern dieses muß mit einem solchen geschehen, dessen Größe ihm bekannt ist.

Um nun ein solches jedermann bekanntes Rechteck zu erhalten, giebt man seiner Grundseite eins der bekannten Längenmaaße, und macht die Höhe eben so groß. Das Rechteck wird dann ein gleichseitiges, oder ein Quadrat. Jedermann, welcher eine richtige Vorstellung von dem Längenmaaße (Vorüb. § 12) hat, kann sich dann auch eine richtige Vorstellung von der Größe eines solchen Quadrats, und mittelst dessen auch von der Größe jedes Rechtecks machen, wenn angegeben wird, wieviel mahl das Quadrat in demselben enthalten ist.

Ein Quadrat, dessen Seite ein Fuß ist, heißt ein Quadratfuß; ein Quadrat, dessen Seite ein Zoll ist, heißt ein Quadratzoll, und auf gleiche Weise sind die Ausdrücke Quadratlineale, Quadratruthe u. s. w. zu verstehen.

Wie man zu verfahren habe, um mit einem Quadrate ein vorgelegtes Rechteck auszumessen, wird sich am besten an einem Beispiele zeigen lassen. Es sei demnach das Rechteck B (F. 66) mit dem Quadrate C, welches einen Quadratzoll vorstellen mag, auszumessen. Man lege demnach längs der Grundseite so viel Quadrate hin, als an derselben Platz haben, hier 4. Dadurch erhält man einen Streifen, dessen Höhe aber nur 1 Zoll beträgt. — Man lege nun so viele Streifen über einander, als im Quadrate Platz haben, hier 3. Es faßt also das Rechteck B 3 Streifen, davon jeder 4 Quadratzoll enthält. Das ganze Rechteck kann also 3 . 4 = 12 Quadratzoll in sich aufnehmen, oder es ist 12 Quadratzoll groß.

Es ist nun leicht zu übersehen, daß man den Inhalt des Rechtecks durch Messen seiner Grundseite und Höhe hätte finden können, ohne es mit Quadraten anzufüllen. Multiplizirt man nämlich die Zahl, welche die Messung der Grundseite ergiebt (Vorüb. § 8) mit der Zahl, welche die Messung der Höhe ergiebt, so ist das Produkt der Inhalt des Rechtecks in Quadraten der Maaß Einheit (§ 54, 2.)

Dasselbe ergiebt sich auch aus § 54, 3. Da

im Rechtecke C Grundseite und Höhe gleich, und das Maaß sind, womit man das Rechteck gemessen hat, so ist das Produkt aus Grundseite und Höhe bei dem Rechtecke C = 1 . 1. bei dem Rechtecke B = 4 . 3 = 12. Es verhält sich also A: B = 1: 12 d. h. das Rechteck B enthält 12 Quadrate A.

Hieraus erhält man leicht die Eintheilung der Flächenmaaße. Wenn 1 Fuß 12 Zoll enthält, so wird 1 Quadratfuß 12 . 12 = 144 Quadratzoll enthalten müssen, denn ein Quadratfuß ist 12 Zoll lang, es haben also 12 Quadratzolle an seiner Grundseite Platz, welche einen Streifen von 1 Zoll Höhe bilden. Der Quadratfuß ist aber 12 Zoll hoch und faßt daher 12 solcher Streifen. Theilt man den Fuß in 10 Zoll, so erhält der Quadratfuß 100 Quadratzoll.

Der Lehrer muß dieses an den Längenmaaßen fleißig üben, damit die Kinder, welche in der Regel geneigt sind dem Quadratfuß auch 12 Quadratzolle zu geben, sich richtige Vorstellungen von' der Eintheilung der Flächenmaaße machen. Man theilt allerdings die Quadratruthe auch in 12 gleiche Theile, wo dann ein jeder einen Streifen von 1 Ruthe lang und 1 Fuß breit bildet, etwa wie in F. 62. Ein solcher Streifen wird dann wohl eine Staabruthe genannt, besteht aber noch aus 12 Quadratfußen. Auf ähnliche Weise könnte man den Quadratfuß in 12 Staabfuße theilen. — Um den Lehrer in den Stand zu setzen, eine hinlängliche Menge auch durch ihren Gegenstand belehrender Aufgaben sich zu verschaffen, folgt hier ein kurzes Verzeichniß einiger Längen- und

Flächenmaaße, wie sie im Preußischen Staate durch die neuesten Gesetze bestimmt sind. Der rheinländische oder Preußische Fuß wird in 12 Zoll, der Zoll in 12 Linien eingetheilt. Zwölf dieser Fuße machen eine Preußische Ruthe, die zum Gebrauche der Feldmesser blos zehntheilig eingetheilt wird. — Eine Preußische Meile enthält 2000 solcher Ruthen; die Berliner Elle $25\frac{1}{2}$ Zoll, der Faden (beim Seewesen) 6 Pr. Fuß, das Lachter (beim Bergbau) 80 Zoll. Endlich enthält der Morgen 180 Pr. Quadratruthen. — Ein Pariser Fuß enthält ziemlich genau 149 Preußische Linien.

Uebungsaufgaben.

Diese Thür ist 3 Fuß breit und 6 Fuß hoch, wieviel Quadratfuß enthält sie? — das Fenster, die Schultafel, der Tisch u. s. w.

Dieses Zimmer ist 25 Fuß lang und 20 Fuß breit, wieviel Quadratfuß enthält es? — die Wände, wenn es 11 Fuß hoch ist?

Wieviel Quadratruthen enthält die Preußische Quadratmeile? (A. 4 Millionen) wieviel Preußische Morgen sind das? (A. $22222\frac{2}{9}$.)

Ein Stück Land ist 283 Ruthen lang, und 2 Ruthen 8 Fuß breit, wieviel Morgen enthält es? — (Man merke, daß hier der Fuß der 10te Theil der Ruthe ist. A. 4 Morgen 72 Quadratruthen 40 Quadratfuß Feldmaaß.)

Wie verhält sich der Preußische Quadratfuß zum Pariser Quadratfuß? — (A. wie 20736: 22201.)

Ein rechteckiger Garten, welcher 2 Morgen enthält, ist 12 Ruthen breit, wie lang ist er? (A. 15 Ruthen.) —

Der (rechtwinklig) viereckige Marktplatz ist 53 Ruthen lang, und 42 Ruthen breit, wieviel Quadratruthen enthält er?

§ 57.

Flächenraum des späthigen Vierecks aus der Construction seiner Fläche.

Erste Ansicht.

Es ist eben (§ 53) gezeigt worden, daß, wenn sich eine begrenzte g. L. in derselben Richtung bewegt, in welcher sie gezogen worden, der von dieser Linie durchlaufene Raum wieder eine g. L. sein müsse.

Wir wollen uns, zur Erleichterung des Ausdrucks, unter dieser Linie eine Wagrechte vorstellen, und diese sich auf verschiedene Arten bewegen lassen, aber so, daß sie immer in derselben Ebene und mit ihrer anfänglichen Richtung gleichlaufend bleibt.

Bewegt sich die Wagrechte nun so, daß jeder Punkt derselben in einer g. L. geht, welche in ihrer Richtung nur wenig von der wagrechten abweicht, so wächst die erzeugte Fläche nur langsam, und ist klein. Fig. 67 A.

Wenn sich die Wagrechte dagegen immer mehr und mehr aufwärts bewegt, jedoch immer so daß jeder Punkt eine gleich große Strecke durchläuft, so wird die Fläche nach und nach immer größer. Fig. 67 B und C.

Bewegt sich endlich die Wagrechte unter den nämlichen Bedingugen senkrecht aufwärts, so wird die entstandene Fläche am größten. Fig. 67 D.

In allen dieses Fällen entsteht durch die Bewegung der Wagrechten ein späthiges Viereck, welches im letztern Falle ein Rechteck ist.

Es erhellet hieraus nun, daß die wagrechte Fortbewegung der Wagrechten zur Erzeugung der Fläche nichts beiträgt, sondern daß diese blos von der senkrechten Fortbewegung abhängt.

1) Zwei späthige Vierecke, die aus derselben Wagrechten entstanden sind, werden also gleich groß sein, wenn sich die Wagrechte in beiden bis zu derselben senkrechten Entfernung fortbewegt hat, oder wenn die späthigen Vierecke gleiche Grundseite und Höhe haben.

Denkt man sich, daß sich eine Wagrechte so wie vorhin aufwärts bewegt, aber dabei gleichförmig abnimmt, bis sie endlich ganz verschwindet, oder zu einem Punkte wird, so entsteht ein Dreieck (F. 68), wenn man voraus setzt, daß auch der veränderliche Endpunkt der sich verkürzenden Wagrechten in einer g. L. gehe. Dieses Dreieck ist halb so groß, als das späthige Viereck, welches entstanden sein würde, wenn sich die Wagrechte eben so bewegt, aber nicht verkürzt hätte. Man sieht dieses leicht, wenn man das dem Dreieck fehlende Stück durch abwärts gehende Bewegung der obern wagrechten Seite des spätigen Vierecks entstehen läßt, welches ganz durch die nämliche Construction geschieht, durch welche das erste Dreieck entstand.

2) **Der Flächenraum eines Dreiecks ist daher innerhalb so groß als der eines spätigen Vierecks von gleicher Grundseite und Höhe.** Es folgt hieraus

3) **Daß alle Dreiecke von gleicher Grundseite und Höhe gleich sein müssen, weil es die Vierecke sind.**

Andere Ansicht.

Zwischen zweien Parallelen (Fig. 69) seien von einem Punkte a aus mehrere Gerade ab, ac, ad, ae gezogen. Dieses System der Geraden bewege sich zwischen den beiden Parallelen so fort, daß jeder immer mit sich selbst gleichlaufend bleibt, so ist klar, daß, wenn diese Bewegung unbegrenzt gedacht wird, eine jede der Geraden, sowohl ab, als ac, etc den ganzen zwischen den beiden Parallelen enthaltenen Flächenraum construirt. Alle diese Geraden constuiren daher durch ihre Fortbewegung gleich viel Fläche. Denkt man sich nun diese Construction in irgend 2 bestimmten Punkten a und a fixirt oder gehemmt, so folgt daß auch nun in dem Zwischenraum von a bis a jede Gerade, denselben Flächenraum durchlaufen habe, d. h. daß die späthigen Vierecke abba, acca, adda, aeea gleich sein müssen. *)

§. 58.

Bestimmung des Flächenraums ebener geradliniger Figuren aus Länge und Richtung ihrer Seiten.

Bisher ist die Größe und das Verhältniß der Figuren blos aus ihrer Construktion mittelst der Fortbewegung einer Seite abgeleitet worden. Sehr oft läßt sich dieses aber nicht thun, und man muß sie dann aus den Seiten und Winkeln beurtheilen, welche sie begrenzen.

Man stelle sich vor, es seien zu einem Dreiecke zwei Seiten und der Zwischenwinkel gegeben; man verbinde sie wie § 28. Durch die gegebenen

---

*) (Aus beiden Ansichten geht deutlich hervor, daß die construirende begrenzte Linie eben so wohl eine krumme, als eine gerade sein könne. Und, da zwischen den Seiten eines späthigen Vierecks kein wesentlicher Unterschied ist, so kann es nicht schwer sein eine von 4 krummen Linien, von denen je 2 der Art nach beliebig gegeben sein können, begrenzte ebene Figur zu zeichnen, welche einer gegebenen gleich sei. Die abgewickelte Oberfläche eines schiefen Cylinders ist eine solche, wenn man den Schnitt der Oberfläche von der einen Grundfläche zur andern in einer krummen Linie führt. Der Inhalt einer solchen Figur ist dem Inhalte des Parallelogramms zwischen ihren 4 Winkelpuncten gleich. Ich erinnere mich nicht, diesen Satz, der sich auch aus dem auf die Durchschnitte ebener Figuren angewandten Sagnerschen Grundsatze leicht beweisen ließe, in den Lehrbüchern der Elementargeometrie gefunden zu haben.)

Stücke ist nun das Dreieck nicht nur seiner Begrenzung nach, wie dort gelehrt ist, vollkommen bestimmt, sondern auch in Rücksicht seines Flächenraums, denn mit der Begrenzung ist ja zugleich der Flächenraum gegeben. Da sich dieses bei allen ihrer Begrenzung nach bestimmten Figuren eben so verhält, so folgt:

1) **Wenn eine ebene Figur ihrer ganzen Begrenzung nach, d. h. in Ansehung aller ihrer Seiten und Winkel vollkommen bestimmt ist, so ist sie es auch ihrem Flächenraume nach.**

Am deutlichsten wird dieses, wenn man sich von 2 gleichbestimmten Figuren die eine an der Stelle der andern denkt (sie auf einander legt.) Man kann dann den obigen Satz auch so ausdrücken:

Wenn 2 ebene Figuren ihrer Begrenzung nach gleich, oder deckend sind, so sind sie es auch ihrem Flächenraume nach.

Der Lehrer lasse nun die Sätze § 28 — 31, § 34, 2 — 4, § 42, § 44, 6. mit dem Zusatze, daß diese Figuren auch in Ansehung ihres Flächenraums bestimmt oder gleich seien, wiederholen.

Anm. Jede ebene Fläche ist an sich unbegrenzt, und enthält blos durch die Begrenzung, d. h. durch die Seiten und Winkel eine bestimmte endliche Größe. Ist also bei mehren Figuren die Begrenzung vollkommen gleich, so müssen auch die begrenzten Flächen bei allen gleich sein. So wie also Punkte eine Seite,

Richtungen einen Winkel, so bestimmen nun Seiten und Richtungen eine Fläche.

§. 59.

Gleichheit spåthiger Vierecke aus ihrer Begrenzung.

Um aus der Begrenzung der Figuren noch weitere Schlůsse auf die Grőße ihres Flächenraums machen zu lernen, wollen wir mit den Sätzen § 57 den Anfang machen, und diese hier nochmals beweisen. Man vergleiche die Anm. zu §. 34.

1) Lehrsatz. Spåthige Vierecke von gleicher Grundseite und Hőhe sind an Flächenraum einander gleich.

Vorbereitung. Wenn 2 spåthige Vierecke gleiche Grundseite haben, so kann man sich allemal vorstellen, daß sie über derselben Grundseite construirt wåren, oder daß sie mit ihren Grundseiten auf einander gelegt würden. Sie werden dann mit ihren Flächen wenigstens zum Theil auf einander fallen. — Haben sie nun auch gleiche Hőhen, so werden die der gemeinschaftlichen Grundseite parallelen Seiten in eine und dieselbe der Grundseite parallele Linie fallen. § 43, 4.

Mőgliche Fälle. Wenn die spåthigen Vierecke gleiche Grundseite und Hőhe haben, und mit ihren Grundseiten über einander gelegt werden, so werden die der Grundseite parallelen Seiten 1) entweder ganz, oder 2) zum Theil auf einander fallen, oder

3)

3) an einander grenzen, oder endlich 4) ganz außer einander liegen. F. 70, 1, 2, 3.

Beweis. Im ersten Fall sind die spåthigen Vierecke deckend.

$$\begin{array}{rcl} \text{In den übrigen ist } ad & = & bc \text{ nach § 41, 2} \\ af & = & be \text{ daselbst,} \\ \angle u & = & \angle x \text{ § 14, 5} \\ \hline \triangle daf & = & \triangle cbe, \text{ § 28, 1} \\ \text{und } dabe - daf & = & dabe - cbe, \text{ d. h.} \\ \square abec & = & \square abcd, \text{ — oder in} \end{array}$$

Worten:

Die beiden Dreiecke daf und cbe sind gleich. Es muß daher gleich viel übrig bleiben, ob ich das eine oder das andre von dem Vierecke abcd hinwegnehme.

2) Ein spåthiges Viereck ist eben so groß als ein Rechteck von gleicher Grundseite und Höhe.

§. 60.

Verbindung des Dreiecks mit dem spåthigen Viereck.

1) Jedes spåthige Viereck wird durch die Diagonale in zwei deckende Dreiecke getheilt.

Voraussetzung. abcd F. 71 ist ein spåthiges Viereck, und ac die Diagonale desselben.

Folgerung. $\triangle abc \cong cda$

$$\begin{array}{rcl} \text{Beweis.} \quad ab & = & cd \text{ § 41, 3} \\ bc & = & da \text{ daselbst} \\ ac & = & ac \\ \hline \triangle abc & \cong & cda \text{ §. 50.} \end{array}$$

2) **Jedes der beiden Dreiecke, in welche das späthige Viereck durch die Diagonale getheilt wird, ist die Hälfte desselben.**

Beide Dreiecke können als solche betrachtet werden, welche mit dem späthigen Vierecke gleiche Grundseite und Höhe haben. Sieht man z. B. ab als Grundseite des Dreiecks abc und zugleich des späthigen Vierecks an, so ist die Senkrechte aus c auf die Linie ab gefällt die Höhe beider.

3) **Jedes Dreieck ist halb so groß, als ein späthiges Viereck (folglich auch als ein Rechteck) von gleicher Grundseite und Höhe.**

Beweis. Da alle späthigen Vierecke, welche mit dem Dreiecke gleiche Grundseite und Höhe haben, auch unter sich gleich sind, so kann man sich ein solches gerade so wählen, wie es für den Beweis am vortheilhaftesten ist. Man ziehe also aus der Spitze c des der angenommenen Grundseite gegenüberliegenden Winkels (F. 71) und aus dem einen Endpunkte a derselben Linien, welche den Seiten des Dreiecks parallel sind, cd und ad, so erhält man unter allen Umständen ein späthiges Viereck abcd, dessen Diagonale die eine Seite des Dreiecks ist. Es ist daher doppelt so groß, und hat mit ihm gleiche Grundseite und Höhe. Das Dreieck ist folglich seine Hälfte.

4) **Dreiecke von gleicher Grundseite und von gleicher Höhe sind an Flächenraum einander gleich.**

Beweis. Da die späthigen Vierecke, welche mit den Dreiecken gleiche Grundseite und Höhe haben, einander gleich sind, so müssen auch die Dreiecke als ihre Hälften gleich sein.

Anm. Es ist sehr wichtig diese Sätze nicht nur gehörig zu begründen, und dem Gedächtnisse anzuvertrauen, sondern sie auch in der Anschauung recht fest zu stellen, zumahl sie häufig zur Auflösung von Aufgaben gebraucht werden. Um diesen letztern Zweck zu erreichen, schlage ich folgendes vor: Der Lehrer verschaffe sich ein Paar zugespitzte Stifte von Draht, mit einem kleinen Oehr versehen (wie r und s F. 72). Diese befestige er in den Endpunkten a und b einer gegebenen Seite, welche zur Grundseite eines Dreiecks oder späthigen Vierecks bestimmt ist, ziehe durch die beiden Oehre einen weißen Bindfaden, welcher an seinen Enden mit kleinen Gewichten p und q beschwert ist. Der Faden wird zwischen beiden Spitzen mit einer Nadel oder der Spitze des Zirkels gefaßt, und bis an irgend einen Punkt c einer mit ab gleichlaufenden Linie de gehoben. Führt man die Nadel mit dem übergeschlagenen Faden nun von c gegen d oder e, so werden in stetiger Folge alle Dreiecke construirt, welche mit dem abc gleiche Grundseite und Höhe haben. Sämmtliche so construirte Dreiecke sind daher an Flächenraum einander gleich.

Macht man ab so lang als das Lineal, dessen man sich bedient, und schlägt den Faden nun über dasselbe, so erhält man auf ähnliche Weise lauter späthige Vierecke.

Wie diese Vorrichtung auch angewandt werden könne, um die Construktionen §. 57 äußerlich darzustellen, ingleichen um alle gleichschenkligen Dreiecke zu erhalten, die über einer gegebenen Grundseite statt finden können, wird der nachdenkende Lehrer leicht selbst finden. Andre Anwendungen werden sich weiterhin und schon bei den nächstfolgenden Sätzen ergeben.

61.

Folgerungen.

1) Spàthige Vierecke von gleichen Grundseiten verhalten sich wie ihre Höhen. (§. 53, 2.)

2) Spàthige Vierecke von gleichen Höhen verhalten sich wie ihre Grundseiten. (§. 53, 3.)

3) Spàthige Vierecke sind im zusammengesetzten Verhältnisse ihrer Grundseiten und Höhen, oder verhalten sich wie die Produkte derselben. (§. 54, 1, 3.)

Alle diese Sätze folgen leicht aus den angeführten, und aus §. 53, 2.

4) Dreiecke von gleicher Grundseite verhalten sich wie ihre Höhen.

5) Dreiecke von gleicher Höhe verhalten sich wie ihre Grundseiten.

6) Dreiecke sind im zusammengesetzten Verhältnisse ihrer Grundseiten und Höhen, oder verhalten sich wie die Produkte derselben.

Diese Sätze folgen aus den 3 ersten und aus §. 60, 3. Das Verhältniß der Hälften ist nämlich dasselbe als das der Ganzen. (Vorüb. §. 16.) Den letztern kann man auch so ausdrücken:

7) Dreiecke verhalten sich wie Rechtecke, welche mit ihnen gleiche Grundseiten und gleiche Höhen haben.

Mit Hülfe dieser Sätze kann man nun auch den Flächeninhalt der späthigen Vierecke sowohl als der Dreiecke finden. Beide lassen sich zwar nicht unmittelbar mit Quadraten ausfüllen und messen, allein da die erstern eben so groß, die letztern halb so groß sind, als die Rechtecke von gleicher Grundseite und Höhe, letztere aber durch das Produkt ihrer Seiten ausgedrückt werden, so erhält man folgende Sätze:

8) Der Flächeninhalt eines späthigen Vierecks wird im Quadratmaaß gefunden, wenn man seine Grundseite und Höhe mit demselben Längenmaaße mißt, und beide Zahlen mit einander multiplizirt — oder:

Ein späthiges Viereck ist gleich dem Produkte aus Grundseite und Höhe.

9) Der Flächeninhalt eines Dreiecks wird im Quadratmaaß gefunden, wenn man seine Grundseite und Höhe mit demselben Längenmaaße mißt, beide Zahlen mit einander multiplizirt, und von dem Produkte die Hälfte nimmt — oder

Ein Dreieck ist gleich dem halben Produkte aus Grundseite und Höhe.

Daß es hierbei gleichgültig sei, ob man von dem Produkte, oder von einem der Faktoren, d. h. entweder von der Grundseite oder Höhe die Hälfte nimmt, ergiebt sich aus Vorüb. §. 14, 1.

Da man jede geradlinige ebene Figur, (nach Verbindungslehre §. 39) von jedem, nicht außerhalb derselben liegenden Punkte aus, in Dreiecke zerlegen kann, so hat man durch das Vorhergehende auch die Mittel den Flächeninhalt jeder gegebenen Figur im Quadratmaaß zu finden, wenn es verstattet ist sich beliebige Linien in derselben zu ziehen, und sie mit der Seite des als Einheit angenommenen Quadrats zu messen.

Der Lehrer stelle nun ähnliche Uebungen in Vergleichung und Berechnung der Figuren an, wie § 53 und § 56 ausführlicher gezeigt ist. Hierzu können ihm die Figuren 73 bis 78 hinlänglichen Stoff gewähren. Die beiden erstern können zu Uebungen im Kopfe benutzt, die übrigen müssen auf der Tafel gezeichnet werden. Die Seiten der Hauptfigur sind entweder in 2 oder in 3 gleiche Theile getheilt. Die Fragen über das Verhältniß der Figuren und über ihren Flächeninhalt müssen aber nicht bis nach Vollendung des Ganzen ausgesetzt bleiben, sondern können sogleich beginnen, wenn man eine oder einige Linien, wozu man anfangs diejenigen wählt, welche die leichtesten Verhältnisse geben, hat zeichnen lassen. — Es versteht sich übrigens von selbst, daß man sich sowohl bei der Auswahl der Figuren, als auch bei den Fragen, welche man in Ansehung ihrer an die Kinder richtet, nach den Kräften und der Entwickelung der Kinder richten muß. Unter den hier gegebenen Figuren ist F. 78 die schwerste. Unter den darin enthaltenen Figuren ist das Achteck wieder eine der schwierigern. Der Inhalt desselben beträgt $\frac{1}{3}$ von dem Inhalte des Quadrats und ist einem (welchem?) Rechtecke gleich. Wer mehr Figuren zu solchen Uebungen ucht, findet einen überflüssigen Vorrath in Rockstrohs Vorlegeblätter für die ersten Uebungen im Zeichnen. Berlin 1806.

62.

Größenverhältniß ähnlicher Figuren.

Wenn man sich die Entstehung ähnlicher Figuren durch die Entwickelung aus einem Punkte, wie § 46, vorstellt, so ist klar, daß der construirte Flächenraum sowohl wegen des Fortrückens der Peripherie (F. 79) von dem anfänglichen Punkte, als auch wegen des Wachsthums derselben an Länge größer wird, d. h. in zweifachem Verhältnisse wächst. Da beide Zunahmen aber wegen der bleibenden Form (Aehnlichkeit) der Figur in gleichem Verhältnisse stehen (§ 51) so nimmt die Figur zu, im Verhältnisse der Quadrate der Peripherien, oder der gleichnamigen Seiten oder Diagonalen.

Der Satz, auf den wir so eben gekommen sind, läßt sich nun auch aus frühern Sätzen herleiten. Um dieses zu können, müssen wir ihn zuerst in Beziehung auf das Dreieck erweisen.

1) Aehnliche Dreiecke verhalten sich wie die Rechtecke, welche mit ihnen gleiche Grundseite und Höhe haben. (§ 61, 7) F. 80.

2) Rechtecke welche mit ähnlichen Dreiecken gleiche Grundseiten und Höhen haben, sind auch ähnlich. § 50, 1 und § 45.

Da sich nun ähnliche Rechtecke wie die Quadrate gleichnamiger Seiten verhalten (§ 65, 6) so verhalten sich auch ähnliche Dreiecke wie die Quadrate ihrer Grundseiten, oder wie die Quadrate ihrer Höhen. Es sind aber in ähnlichen Dreiecken alle Seiten, folglich auch ihre Quadrate proportionirt (§ 55, 6). Daher ist folgender Satz richtig:

3) Aehnliche Dreiecke verhalten sich wie die Quadrate gleichnamiger Seiten.

Nun lassen sich alle ähnliche Figuren von jedem ähnlich liegenden Punkte aus in ähnliche Dreiecke zerfällen. § 51, 2. Da diese sich, nach dem vorhergehenden Satze, wie die Quadrate gleichnamiger Seiten verhalten, die gleichnamigen Seiten und Diagonalen aber in ähnlichen Figuren proportionirt sind (§ 51, 3) so folgt (Vorüb. § 20.)

4) Aehnliche Figuren verhalten sich wie die Quadrate gleichnamiger Seiten oder Diagonalen, oder auch wie die Quadrate ihrer Peripherien.

Erläuterung. Wenn F. 59 ABCDE $\sim$ abcde, so ist $ABC : abc = AB^2 : ab^2$

$ACD : acd = CD^2 : cd^2 = AB^2 : ab^2$ (§ 55, 6)

$ADE : ade = DE^2 : de^2 = AB^2 : ab^2$ folglich

$ABC : abc = ACD : acd = ADE : ade = AB^2 : ab^2$

daher $(ABC + ACD + ADE) : (abc + acd + ade) = AB^2 : ab^2$ (Vorüb. 20) das heißt

$ABCDE : abcde = AB^2 : ab^2 = AC^2 : ac^2$ u. s. w.

Anm. Man findet daher den Flächeninhalt eines (nicht allzu großen) Landes, von dem man eine richtige Charte d. h. eine dem Lande selbst ähnliche Abbildung besitzt, wenn man die Grenzen desselben, so weit es ohne bedeutenden Fehler möglich ist, in gerade Seiten verwandelt, die Figur dann auf beliebige Weise in Dreiecke zerlegt, ihre Grundseiten und Höhen mit dem verjüngten Maaßstabe der Charte mißt, und ihren Inhalt nach § 60 berechnet. Hat man z. B. einen Meilenmaaßstab, so findet man den Inhalt in Quadratmeilen.

Nach dem letzten Satze kommt die Sache eigentlich etwas anders zu stehen. Es verhält sich nämlich der Flächenraum des Landes zum Flächenraum der Charte wie die Quadrate gleichnamiger Seiten. Da nun aber alle Seiten des Landes als gleichmaaßig (mit demselben Maaßstabe, z. B. Meilen, gemessen) und eben so auch alle Seiten der Charte (da sie mit dem verjüngten Maaßstabe gemessen sind) als gleichmaaßig anzusehen, dagegen jede zwei gleichnamige Seiten als gleichzahlig zu betrachten sind, so verhalten sich die gleichnamigen Seiten wie die Maaßstäbe, der Flächenraum des Landes folglich zum Flächenraum der Charte wie die Quadrate der Maaßstäbe. Gesetzt die Meile wäre auf der Charte 1 Decimalzoll Feldmaaß, so würde sich der Flächenraum des Landes zum Flächenraum der Charte wie 1 Quadratmeile zu 1 Quadratzoll verhalten, und da letzterer $\frac{1}{200000}$ einer Meile ist, so würde das Land 40,000'000,000 mahl so groß sein als die Charte.

Nun kann allerdings die vorliegende Charte als eine bekannte Größe angesehen werden, mittelst deren man das Land ausdrücken kann, allein man erhält doch eine richtigere von jeder besondern Charte unabhängige Vorstellung von der Größe eines Landes, wenn man sein Verhältniß gegen das Quadrat eines bekannten Längenmaaßes, z. B. einer Meile hat.

Der Lehrer lasse die Kinder nun eine dictirte Figur wirklich ausmessen. Zu diesem Ende gebe er ihnen die Aufgabe zur nächsten Stunde, auf einem geraden Strich eine gewisse Anzahl gleicher Theile, z. B. 20 aufzutragen. Wenn sie diesen eingetheilten Strich nun vor sich haben so lasse er sie von gewissen Theilungspunkten (in F. 81 vom 3ten 10ten 18ten) aufwärts, von andern (hier vom 1ten 8ten 14ten) abwärts Senkrechte ziehen, deren Länge er ihnen bestimmt. Die Endpunkte der Senkrechten müssen sie nun unter sich und mit den Endpunkten der Grundseite durch gerade Striche verbinden, wie F. 81 zeigt. Sodann lasse er sie nun den Flächeninhalt der Figur unter der Voraussetzung berechnen, daß jeder Theil eine Ruthe, eine Meile oder irgend einen andern Maaßstab bedeute. — Ist das Verhältniß eines solchen Theils zum Maaßstabe, den er bedeutet, bekannt, so kann dann auch das Verhältniß der Figur auf dem Papiere zu dem Acker oder dem Lande, welche sie abbildet, gefunden werden.

Noch besser wäre es, wenn der Lehrer allen Kindern dieselbe Figur in die Hände geben könnte, um ihren Flächeninhalt dann zu berechnen.

§ 63.

Vergleichung regelmäßiger Vielecke mit dem Dreiecke.

Wenn man eine regelmäßige Figur aus ihrem Mittelpunkte (§ 44, 2), wie § 46 gezeigt ist, construirt, so entfernen sich alle Theile des Umfanges gleichmäßig von dem Mittelpunkte, indem zugleich der ganze Umfang in gleichem Verhältniß dieser

Entfernung wächst. Es kann daher keinen Unterschied machen, ob der Umfang als gebrochene Linie, oder als gerade Linie von gleicher Größe, (F. 82.) sich vom Mittelpunkte auf gleiche Weite entfernt hat; in beiden Fällen wird von der construirenden Linie ein gleicher Flächenraum erzeugt sein. Das Dreieck cde, dessen Grundseite de dem Umfange der regelmäßigen Figur und dessen Höhe dem kleinsten Halbmesser gleich ist, ist eben so groß als die regelmäßige Figur.

Wenn man das Dreieck cde so legt, daß seine Spitze im Mittelpunkte der regelmäßigen Figur, seine Grundseite, welche dem Umfange derselben gleich sein soll, in der Verlängerung der einen Seite liegt, (F. 82) und wenn man diese Grundseite dann in so viel gleiche Theile theilt als die regelmäßige Figur Seiten hat, so wird jeder Theil einer dieser Seiten gleich sein. Zieht man nun aus dem Mittelpunkte nach den Theilungspunkten gerade Linien, so haben alle die Dreiecke, in welche das Dreieck cde zerfällt, unter sich und mit den Dreiecken, aus welchen die regelmäßige Figur besteht, gleiche Grundseite und gleiche Höhe, und sind daher sowohl unter sich als auch den Dreiecken der regelmäßigen Figur gleich. Da nun überdieß in beiden auch eine gleiche Anzahl solcher Dreiecke enthalten ist, so ist das Dreieck cde der regelmäßigen Figur gleich. d. h.

1) **Eine regelmäßige Figur ist so groß als ein Dreieck dessen Grundseite ihrem Umfange, und dessen Höhe ihrem Halbmesser gleich ist**

2) Ein regelmäßiges Vieleck von unendlich vielen Seiten ist einem Dreieck gleich, dessen Grundseite seinem Umfange, und dessen Höhe seinem Halbmesser gleich ist. § 44, 7.

3) Regelmäßige Vielecke von unendlich vielen Seiten verhalten sich, da sie einander ähnlich sind, (§ 52, 4) wie die Quadrate ihrer Durchmesser oder Halbmesser.

§ 64.

Der Pythagoräische Lehrsatz.

Der Pythagoräische Lehrsatz führt auf gewisse Weise in ein ganz neues Gebiet der Raumlehre ein. Er steht daher auch von andern bisherigen Sätzen ganz abgesondert, und gehört nicht als Glied in irgend eine Reihe derselben. Es scheint daher zweckmäßig, da er seiner Wichtigkeit und vielseitigen Anwendbarkeit wegen hier nicht fehlen darf, ihn etwas näher zu erläutern. Wir wollen hier das Einzelne dem Allgemeinen vorauf gehen lassen.

Man dictire den Kindern ein Quadrat (wie § 53), lasse sie jede Seite desselben durch einen Punkt in 2 gleiche Theile theilen, und die Theilungspunkte der gegenüberstehenden Seiten durch

Gerade verbinden. Das große Quadrat wird dadurch in 4 kleine Quadrate getheilt, welche einander gleich sind. Man lasse nun auch die Theilungspunkte je zweier anliegender Seiten mit einander verbinden. Hiedurch entsteht gleichfalls ein Quadrat (warum ist es ein solches?) welches wir das schräge Quadrat nennen wollen (F. 74)

Wenn man nun eins der Dreiecke, z. B. das in der rechten Oberecke, ins Auge faßt, so übersieht man sogleich, daß das schräge Quadrat das Quadrat seiner Hypotenuse, jedes der kleinern dagegen dem Quodrate seiner Katheten gleich ist. Nun faßt das Quadrat der Hypotenuse genau 4 Dreiecke, d. h. 4 halbe oder 2 ganze kleine Quadräte, und ist daher so groß, als die Quadrate beider Katheten zusammengenommen.

Man dictire ein andres Quadrat, mit senkrechten und wagerechten Seiten, lasse jede Seite durch 2 Punkte in 3 gleiche Theile theilen, und die Theilungspunkte durch Wagerechte und Senkrechte verbinden. (Fig. 83) Es entstehen 9 kleine Quadrate, welche einander gleich sind. — Jetzt werden, indem man das Quadrat stetig umgeht, die entsprechenden Theilungspunkte (d. h. z. B. die sämmtlichen ersten Punkte, wenn man sie von der linken Oberecke anfangend, und nach der rechten Oberecke, von da zur rechten Unterecke u. s. w. fortschreitend, auf jeder Seite besonders zählt) durch Gerade verbunden. Dem entstehenden schrägen Quadrate fehlen die 4 Dreiecke, deren jedes (als Hälfte eines aus 2 kleinen Quadraten bestehenden Rechtecks) einem kleinen Quadrate gleich ist, um dem großen Quadrate gleich zu sein. Es enthält daher 5 kleine Quadrate.

Faßt man nun wieder eins der rechtwinkligen Dreiecke z. B. das in der rechten Oberecke ins Auge, so enthält das Quadrat seiner Hypotenuse 5 kleine Quadrate; das Quadrat der größern Kathete enthält 4, das der kleinere 1 kleines Quadrat. Beide Quadrate der Katheten sind daher zusammengenommen so groß als das Quadrat der Hypotenuse.

Auf ähnliche Weise fahre man fort, und lasse die Seiten nach und nach in mehr gleiche Theile theilen.

Für die Eintheilung in 7 gleiche Theile verfahre man z. B. so:

Die Kinder zeichnen einen wagrechten Strich, und theilen ihn durch Halbiren in 8 gleiche Theile. Der letzte Theil wird ausgelöscht, das Quadrat vollendet, die Theilung auf die übrigen Seiten übergetragen, und die Theilungspunkte durch Senkrechte und Wagrechte mit einander verbunden. Es entstehen 49 gleiche Quadrate; (Fig 84.) Man verbinde jetzt 4 entsprechende Theilungspunkte (hier den dritten auf jeder Seite) durch Gerade, so erhält man ein schräges Quadrat. Jedes der 4 Dreiecke, welche durch die schrägen Seiten von dem großen Quadrate abgeschnitten werden, ist die Hälfte eines aus 12 kleinen Quadraten bestehenden Rechtecks (dessen Diagonale jene schräge Seite ist) daher 6 kleinen Quadraten gleich. Alle 4 Dreiecke enthalten folglich 24 kleine Quadrate, folglich bleiben für das schräge noch 49 — 24 d. h. 25 kleine Quadrate übrig. So groß ist also das Quadrat der Hypotenuse des rechtwinkligen Dreiecks in der rechten Oberecke. Das Quadrat der größern Kathete enthält 16, das der kleinern 9 kleine Quadrate, beide zusammen also $16 + 9 = 25$. Die beiden Quadrate der Katheten zusammengenommen sind also genau so groß als das Quadrat der Hypotenuse.

Anm. Es trifft sich hier, daß sich das Quadrat der Hypotenuse aus kleinen Quadraten zusammensetzen läßt. Es ist nämlich genau so groß als das Quadrat abcd. Die Hypotenuse besteht daher aus 5 solchen Theilen, deren das große Quadrat 7 enthält. Dreiecke, bei denen dieser Fall eintritt, daß sich nämlich alle 3 Seiten durch dasselbe Maaß messen lassen, heißen Pythogoräische Dreiecke.

Lehrsatz. In jedem rechtwinkligen Dreiecke ist das Quadrat der Hypotenuse so groß, als die beiden Quadrate der Katheten zusammengenommen.

Beweis. Es sei abc (F 85.) das gegebene Dreieck. Man verlängere jede Kathete um so viel als die andere beträgt, vollende das Quadrat, setze die Punkte g, h, indem man dg = eh = ac macht, und verbinde die Theilungspunkte je zweier zusammenstoßender Seiten durch Gerade, so hat man das Quadrat der Hypotenuse. Man ziehe ferner hi, gl, bm mit den Seiten des Quadrats gleichlaufend, so ist ahmi das Quadrat der einen Kathete, und gdil ist dem Quadrate der andern Kathete gleich; beide können daher als die Quadrate der Katheten betrachtet werden. Nun hat das Quadrat der Hypotenuse mit den Quadraten der Katheten die mit Strichen bezeichnete Fläche bml gcb gemein. Nehme ich zu diesem gemeinschaftlichen Stücke die beiden Dreiecke lhg und mbh, so erhalte ich das Quadrat der Hypotenuse. Nehme ich dagegen zu dem nämlichen gemeinschaftlichen Stücke die beiden eben so großen Dreiecke abc und dcg, so erhalte ich die Quadrate beider Katheten. Da ich nun in beiden Fällen zu dem gemeinschaftlichen Stücke gleichviel hinzu genommen habe, so muß der aufgestellte Lehrsatz richtig sein.

Es ist hierbei nun noch zu erweisen

1) daß die Dreiecke abc, dcg, lhg u. s. w. gleich sind. Dieses folgt leicht aus der Construction und § 28.

2) daß die Figuren abml und dgli Quadrate sind. Dieses folgt auch sogleich aus der Construction.

3) daß auch bcgh ein Quadrat sei. Hierzu gehört:

a) daß die Seiten gleich seien. Dieses folgt aus der Congruenz (Deckung) der Dreiecke.

b) daß die Winkel Rechte seien. Dieses folgt daraus, daß von den 3 stetigen Winkeln, die sich um jede Ecke des schrägen Quadrats bilden, die beiden zu äußerst liegenden zusammengenommen einen Rechten ausmachen. § 16, 8, § 8. 2.

Anm. Der Lehrer wird wohl thun die 3 Quadrate über den Seiten des rechtwinkligen Dreiecks auch so zu zeichnen, daß sie alle außerhalb des Dreiecks fallen. Der Sinn des Lehrsatzes trit so für die Anschauung klarer hervor; die Figur ist dann die, welche man in den meisten mathematischen Lehrbüchern bei diesem Satze findet.

§ 65.

Anwendung des Pythagoräischen Lehrsatzes.

Wenn man über den Seiten eines rechtwinkligen Dreiecks ähnliche Figuren zeichnet, so daß die Seiten des Dreiecks gleichnamige Seiten dieser Figuren werden, so ist **die Figur über der Hypotenuse so groß als die beiden ähnlichen Figuren über den Katheten zusammengenommen**, denn ähnliche Figuren verhalten sich wie die Quadrate gleichnamiger Seiten.

Erläuterung. Es sei Q des Quadrat der Hypotenuse, q und q' die Quadrate der Katheten, F, f und f' seien ähnliche Figuren, erstere über der Hypotenuse, letztere über den Katheten, so ist

$$q : f = q' : f' = Q : F \text{ nach § 62, 4.}$$

$$\text{daher } (q + q') : (f + f') = Q : F \text{ nach § 20.}$$

Da nun $q + q' = Q$, so muß auch $f + f' = F$ sein.

Durch das Vorstehende hat man nun die Mittel, Quadrate und andere ähnliche Figuren zu addiren, zu subtrahiren, zu vervielfältigen und zu theilen, und zwar so, daß das Ergebniß der Construction wieder eine der gegebenen ähnliche Figur ist.

Um ein Quadrat zu finden, welches so groß ist, als zwei andere zusammengenommen, setze man die Seite des einen unter einem rechten Winkel an die Seite des andern, und ziehe die Hypotenuse, so ist diese die Seite des gesuchten Quadrats.

Um ein Quadrat zu finden, welches so groß ist als der Unterschied zweier gegebenen Quadrate, lege man an den einen Endpunkt der Seite des kleineren einen rechten Winkel, dessen zweiter Schenkel eine unbestimmte Länge habe. Nun stelle man die Seite des größern in dem andern Endpunkte der Seite des kleinern auf, und lehne sie an den unbestimmten Schenkel an. Dadurch wird ein Theil desselben abgeschnitten, welcher eben die Seite des gesuchten Quadrats ist.

Um ein Quadrat zu vervielfältigen, darf man

nur gleiche Quadrate addiren. Dieses läßt sich aber allemahl abkürzen. So ist die Seite des zweifachen Quadrats der Diagonale des einfachen gleich; die Seite des dreifachen ist die Hypotenuse eines rechtwinkligen Dreiecks, dessen Katheten die Hypotenuse und die Seite des einfachen sind. Die Seite des vierfachen ist die doppelte Seite des einfachen u. s. w.

Wie man ein Quadrat so durch eine Zahl theilen könne, daß der Theil wieder ein Quadrat sei, läßt sich hier noch nicht auf eine allgemeine Weise deutlich machen. Um ein Quadrat zu finden welches halb so groß ist als ein gegebenes, ziehe man seine beiden Diagonalen. Soll es $\frac{1}{4}$ des gegebenen enthalten, so nehme man seine halbe Seite; $\frac{1}{8}$ das Viertel der Diagonale u. s. w.

Was hier vom Quadraten gesagt ist, gilt überhaupt von ähnlichen Figuren, deren Diagonalen aber nicht wie die des Quadrats gebraucht werden dürften.

Fünfter Abschnitt.

Vom Kreise.

§ 66.

Kreise, als regelmäßige Vielecke von unendlich vielen Seiten.

Wenn man sich ein regelmäßiges Vieleck (§ 44, 1) von recht vielen Seiten zeichnet (Fig. 86) so werden die äußern Winkel an demselben immer kleiner, je mehr Seiten man der Figur giebt, die innern dagegen werden immer größer, und nähern sich ihrer Grenze, 2 Rechten, ohne diese Grenze doch jemals völlig erreichen zu können. (§ 22). Die größten und kleinsten Halbmesser sind um so weniger von einander verschieden, je mehr Seiten die Figur hat, und die Seiten werden in Vergleichung mit dem Halbmesser immer kleiner. (§ 44, 6). Denkt man sich nun eine regelmäßige Figur von unendlich vielen Seiten, so muß jede in Vergleichung mit dem Halbmesser unendlich klein, d. h. kleiner als jede bestimmbare Größe sein; zwischen dem größten und kleinsten Halbmesser wird gar kein Unterschied mehr Statt finden, d. h. alle Halbmesser werden gleich sein. (§ 44, 7). Endlich werden die äußern Winkel über alle Grenzen abnehmen, die innern dagegen sich 2 Rechten unendlich nähern. (§ 22)

Stellt man sich vor, daß sich ein Punct im Umfange einer regelmäßigen Figur herumbewegt, so wird er in jedem Winkelpunkte, außerdem aber nicht, seine Richtung ändern, und sich in der Mitte einer Seite etwas näher beim Mittelpunkte (§ 44, 2) befinden, als im Endpunkte derselben. Ein solcher Punct würde also eine Strecke in Einer Richtung fortgehn, und dann in einem Punkte seine Richtung um etwas Bestimmtes ändern.

Bewegt sich dagegen ein Punct so um einen andern in einer Ebene herum, daß er überall völlig gleich weit von demselben entfernt bleibt, so kann er an keiner Stelle seine Richtung behalten, sondern muß sie überall verändern, aber jedesmahl nur so wenig, daß man es nicht angeben kann.

Die Linie, welche ein Punct auf diese Weise beschreibt, heißt eine Kreislinie, (Verbindungsl. § 42) und es erhellet hieraus, daß sie als ein regelmäßiges Vieleck von unendlich vielen Seiten angesehen werden muß. Auch ergiebt sich, daß sie eine krumme Linie, d. h. eine solche sein muß, in welcher kein angebbarer Theil gerade ist. (Verbindungslehre, Vorübungen 2ter Abschn. § 9)

Anm. Es ist nicht unwichtig, den Weg des Punctes hier mit Sorgfalt und Genauigkeit zu verfolgen, damit die Kinder sogleich eine richtige Vorstellung von dem Wesen einer krummen Linie bekommen, und diese nicht dem Zufalle überlassen bleibe. Wir können hier nun sogleich folgende Lehrsätze aufstellen.

1) Kreise sind regelmäßige Vielecke von unendlich vielen Seiten.

2) Alle Kreise sind ähnliche Figuren, und ihre Umfänge verhalten sich wie ihre Halbmesser § 52, 4.

3) Der Flächeninhalt eines Kreises ist dem Flächeninhalte eines Dreiecks gleich, dessen Grundseite dem Umfange, und dessen Höhe dem Halbmesser des Kreises gleich ist. § 63, 2. Fig. 87.

4) Kreise verhalten sich zu einander, wie die Quadrate ihrer Halbmesser oder ihrer Durchmesser. § 63, 3.

Der Lehrer wird diese Sätze anschaulich, und durch Uebung den Kindern geläufig zu machen haben. Er kann zu diesem Zwecke den Umfang eines Cylinders mit einem Faden ausmessen, und dadurch ein Dreieck zeichnen, welches der Grundfläche desselben an Flächenraum gleich ist.

Ein Kreis, dessen Halbmesser 2, 3, 4 mahl so groß ist als ein anderer, ist 4, 9, 16 mahl so groß als dieser, dagegen ist sein Umfang auch nur 2, 3, 4 mahl so groß.

Auch muß hier alles, was in der Verbindungslehre § 42 bis 48 vom Kreise vorgekommen ist, gut wiederholt werden, insbesondere auch deshalb, weil hier im Folgenden jener Abschnitt bei der Untersuchung des Kreises zum Grunde gelegt ist.

Um den Flächeninhalt eines Kreises berechnen zu können, wäre nach 3 also weiter nichts nöthig, als den Umfang und Halbmesser genau zu kennen. — Da sich die Umfänge wie die Halbmesser verhalten, so dürfte man nur für *einen einzigen* Kreis das Verhältniß des Durchmessers oder Halbmessers genau bestimmen. Dieses Verhältniß wäre dann für *alle* Kreise dasselbe.

§ 67.

Eine Gerade im Kreise.

Wir haben uns den Kreis bisher als ein Vieleck von unendlich vielen Seiten vorgestellt. Um ihn zu construiren, darf man sich nur vorstellen, daß sich eine begrenzte Gerade in einer Ebene um ihren einen unverrückten Endpunkt herumschwenkt, bis sie wieder in ihrer vorigen Lage ist. (Verbindungslehre § 42) Hieraus ergiebt sich, wie man vermittelst eines Zirkels, eines Fadens, einer Schnur oder Kette, oder auch vermittelst einer Stange einen Kreis auf dem Papiere oder auf dem Felde beschreiben kann. Aus der Construction hat man sogleich folgende Sätze:

1) *Alle Halbmesser eines Kreises sind gleich.*

2) *Die Größe des Halbmessers bestimmt die Größe des Kreises.*

3) *Der Durchmesser eines Kreises ist doppelt so groß, als der Halbmesser,* denn er besteht ja aus 2 Halbmessern.

4) *Alle Durchmesser eines Kreises sind gleich.*

5) *Jeder Durchmesser theilt den Kreis in 2 gleiche und deckende Theile*

oder Halbkreise, denn der Halbmesser, durch dessen Umschwenkung der Kreis erzeugt ist, hat seine halbe Umschwenkung vollendet, wenn seine endliche Lage der anfänglichen gerade entgegen gesetzt ist, (§ 8) folglich auch die Hälfte der Kreisfläche erzeugt. Dasselbe gilt vom Umfange.

6) Jede Sehne, welche nicht durch den Mittelpunkt des Kreises geht, ist kleiner als der Durchmesser, und wird um so kleiner, je weiter sie sich vom Mittelpunkte entfernt.

Stellt man sich nämlich vor, daß ein wagrechter Durchmesser AB (Fig. 8) indem er immer mit sich selbst gleichlaufend bleibt, sich nach und nach senkrecht fortbewegt, so fällt in die Augen, daß er, wenn man nur den im Kreise liegenden Theil betrachtet, stetig abnehmen wird.

Daß jede Sehne DE kleiner als der Durchmesser sein müsse, kann man leicht beweisen, wenn man 2 Halbmesser nach ihren Endpunkten zieht. Im Dreiecke CDE müssen dann 2 Seiten zusammengenommen größer als die dritte sein (§ 24, 2)

7) Jede Sehne, welche nicht durch den Mittelpunkt geht, theilt den Kreis in 2 ungleiche Abschnitte.

8) Eine Streiflinie oder Tangente ist eine unendliche Linie, über deren Größe sich daher nichts bestimmen läßt. (Verbindungslehre § 43)

§ 68.

Zwei Halbmesser. Winkel am Mittelpunkt.

Zwei Halbmesser können nicht gleichlaufend sein, sondern müssen am Mittelpunkte einen Winkel mit einander bilden, wenn sie nicht eben in eine gerade Linie fallen. Wenn man diesen Winkel construirt, indem man den Halbmesser sich schwenken läßt, (§ 5) so ist unmittelbar klar, daß sowohl der Kreisbogen, auf welchem der Winkel steht, als auch der Kreisausschnitt in gleichem Verhältnisse mit dem Winkel am Mittelpunkte wächst.

Wird der Winkel ACb (Fig 89) also 2, 3, 4 mahl größer, so wird auch der Kreisausschnitt sowohl als der Bogen 2, 3, 4 mahl so groß. Dieses giebt uns den Satz

1) Die Winkel am Mittelpunkte eines Kreises verhalten sich eben so wie die Kreisbogen, auf welchen sie stehen, oder wie die Kreisausschnitte, welche sie einschliessen.

2) Zu gleichen Winkeln am Mittelpunkte eines Kreises gehören gleiche Bogen, und umgekehrt zu gleichen Bogen gehören gleiche Winkel am Mittelpunkte.

3) Wenn um den Mittelpunkt vier gleiche

Winkel liegen, deren jeder also ein Rechter ist, so wird der Kreisumfang durch die Schenkel derselben in 4 gleiche Bogen getheilt, welche man Quadranten nennt. (Fig. 90)

4) Ein Kreis-Ausschnitt ist einem Dreiecke gleich, dessen Grundseite dem Bogen, und dessen Höhe dem Halbmesser gleich ist. Denn indem der Halbmesser durch seine Schwenkung den Kreisausschnitt erzeugt, bleibt er mit seinem einen Ende im Mittelpunkte ruhen, während er mit seinem andern Endpunkte den Kreisbogen beschreibt. Er kann daher nur die Hälfte der Fläche durchlaufen, welche erzeugt sein würde, wenn er sich, immer mit sich selbst gleichlaufend bleibend, bis zu einer Entfernung, welche dem Bogen gleich ist, von seiner anfänglichen Lage fortbewegt hätte. Der Kreisausschnitt ist daher halb so groß als ein Rechteck dessen Seiten der Bogen des Ausschnitts und der Halbmesser des Kreises ist. Die Hälfte eines solchen Rechtecks aber ist ein Dreieck von gleicher Grundseite und Höhe mit jedem Rechtecke. — Wie sich ein strengerer Beweis aus § 66, 3 und oben ns herleiten lasse, wird der denkende Lehrer leicht finden.

5) Die Größe eines Bogens in einem gegebenen Kreise bestimmt die Größe der Sehne und umgekehrt.

Zu gleichen Bogen eines Kreises gehören daher gleiche Sehnen und zu gleichen Sehnen gehören gleiche Bogen desselben Kreises.

Der Satz läßt sich auch aus n. 2 und aus § 28 herleiten.

6) Bogen verschiedener Kreise heißen ähnlich, wenn die Winkel am Mittelpunkte, welche zu den den Bogen gehören, einander gleich sind.

§ 69.

Anwendungen.

Aus den obigen Sätzen ergeben sich nun mehre merkwürdige Folgerungen in Beziehung auf die Ausmessung der Winkel und auf die Verzeichnung der regelmäßigen Figuren.

Da nämlich die Winkel am Mittelpunkte und die Bogen eines Kreises proportionirt sind (§ 68, 1), und da also die Bogen mit den Winkeln in gleichem Verhältnisse wachsen und abnehmen, so kann man sich der Winkel am Mittelpunkte bedienen, um Bogen, und wiederum der Bogen, um Winkel am Mittelpunkte zu theilen, und ihr Verhältniß zu bestimmen, d. h. sie zu messen. Nun war das natürliche und übliche Maaß eines Winkels der Rechte. (§ 11.) Zu einem rechten Winkel am Mittelpunkte gehörte nun als Bogen der Quadrant. (§ 68, 3) Den rechten Winkel theilte man wieder in 90 gleiche Theile oder Grade. So wird man nun auch den Quadranten theilen können, wodurch der ganze Umkreis 360 Grade erhält. Auf gleiche Weise wird man auch die kleinern Eintheilungen, als Minuten und Secunden, auf den Bogen übertragen können. Eines so eingetheilten Quadranten oder Halbkreises kann man sich nun sehr bequem zur Ausmessung der Winkel, d. h. zur Bestimmung ihres Verhältnisses zum Rechten, oder, was dasselbe ist, zur Bestimmung ihrer Größe in Graden und Minuten bedienen. Es kommt nur darauf an, den Winkel mit seinem Scheitelpunkte genau in den Mittelpunkt des getheilten Halbkreises oder Quadranten zu bringen. Die Anzahl der Grade des Bogens ist dann zugleich die Anzahl der Grade des Winkels am Mittelpunkte. In diesem Sinne sagt man, der Bogen sei das Maaß eines Winkels.

Da man sich vorstellen kann, der Halbkreis oder Quadrant sei durch die gleichen Winkel am Mittelpunkte getheilt worden, so ergiebt sich unmittelbar, daß die Größe des Halbmessers auf die Anzahl der Grade eines Bogens, die ein gegebener Winkel umfaßt, gar keinen Einfluß habe. Einen größern Kreis wird man indeß bequemer und genauer theilen können, als einen kleinen.

Stellt man sich überhaupt die Entstehung und das Wachsthum eines Winkels, wie § 5 vor, so ergiebt sich, daß bei der Schwenkung des Strahles jeder Punkt desselben einen Kreisbogen beschreibt, welcher als ein Ausdruck der Größe dieser Schwenkung angesehen werden kann, und so hat man den

Zusammenhang zwischen Winkelgröße und Bogen am unmittelbarsten.

Einen solchen Halbkreis kann man sich nun ein für allemal in seine beiden Quadranten, und jeden Quadranten in seine 90 Grade eintheilen, und ihn dann zur Bestimmung des Verhältnisses der Winkel gegen den Rechten gebrauchen. Nächst einer genauen Eintheilung kommt es dabei blos noch auf eine genaue und scharfe Bestimmung des Mittelpunkts an. Man findet einen solchen eingetheilten Halbkreis unter dem Namen eines Transporteur, gewöhnlich aus Messingblech verfertigt, in den meisten Reißzeugen.

Der Lehrer lasse von den Kindern einen solchen Transporteur, etwa aus Chartenpappe oder Notenpapier, anfertigen, und mechanisch eintheilen. Die geometrische Eintheilung reicht ohnehin nicht weiter als bis zu Bogen von 5 Graden.

Hier können nun ähnliche Uebungen wie § 11 und 12 mit beständiger Rücksicht auf die Kreisbogen angestellt werden.

§. 70.

Sehne und Halbmesser.

Jede Sehne des Kreises läßt sich immer als Grundseite eines gleichschenkligen Dreiecks ansehen, dessen Spitze der Mittelpunkt des Kreises ist. Zieht man nämlich nach den Endpunkten der Sehne AB (F. 91) die Halbmesser CA und CB, so sind diese gleich (66, 1) das Dreieck ACB also gleichschenklig und C die Spitze desselben. Der Winkel an der Spitze dieses Dreiecks ist nun zugleich der Winkel am Mittelpunkte des Kreises, und hat zu seinem Maaße den Bogen, welcher zur Sehne gehört. Was nun vom Winkel am Mittelpunkte gilt, gilt auch von dem Bogen.

Hiernach werden wir die § 34 aufgestellten Sätze über das gleichschenklige Dreieck nur in Beziehung auf den Kreis aussprechen dürfen, indem wir statt Grundseite Sehnen, statt Spitze Mittelpunkt, statt Winkel am Mittelpunkt Bogen setzen.

1) Der Mittelpunkt des Kreises liegt senkrecht über der Mitte der Sehne. (34, 1.)

2) Der Halbmesser, nach der Mitte einer Sehne gezogen, steht senkrecht auf derselben, und halbirt den zur Sehne gehörigen Bogen. (34, 2.)

3) Ein Halbmesser, welcher einen Bogen halbirt, halbirt auch die zu dem Bogen gehörige Sehne, und ist senkrecht auf derselben. (34, 3.)

4) Ein Halbmesser, welcher auf der Sehne senkrecht steht, halbirt die Sehne, und den dazu gehörigen Bogen. (34, 4.)

5) Wenn man über der Mitte einer Sehne ein Perpendikel errichtet, so muß dieses durch den Mittelpunkt des Kreises gehen.

Dieser Satz ist eigentlich nur ein andrer Ausdruck des ersten, verdient aber besonders herausgehoben zu werden, weil darauf die Auflösung mehrer Aufgaben beruht. Da der Satz 34, 1 dort nicht strenge erwiesen ist, so wollen wir den Beweis hier nachholen. — Sollte nämlich die Senkrechte aus D, (F. 91) der Mitte von AB, nicht durch den Mittelpunkt, sondern wie DF bei demselben vorbei gehen, so ziehe man DC. Nun wäre vermöge der Bedingung DF auf AB senkrecht; nach 2 ist aber auch DC auf AB senkrecht. Man hätte also von einem Punkte in einer g. L. zwei Linien, welche auf derselben senkrecht sind, welches nach § 7, 4 unmöglich ist. Die Annahme, daß das Perpendikel über der Mitte der Sehne nicht durch den Mittelpunkt des Kreises ginge, kann daher gar nicht Statt finden, denn sie führt auf etwas, was unmöglich ist. Es muß also durch den Mittelpunkt gehen.

Beweise, wie der vorstehende, welche zeigen, daß das Gegentheil dessen, was ein Satz aussagt, unmöglich sei, nennt man indirecte oder apagogische Beweise. Sie beruhen auf dem Satz des Widerspruchs, und gewähren vollkommene Evidenz. Es pflegt indeß schwer zu halten, Kindern die vollkommene Beweiskraft derselben deutlich zu machen, weil dabei eine Annahme gemacht wird, welche sich sogleich als unstatthaft zeigt. Für den ersten Unterricht hat der Lehrer die directen Beweise allemahl vorzuziehen.

Wenn uns der Mittelpunkt eines Kreises verloren gegangen wäre, wie könnten wir ihn wiederfinden?

Wie kann man wohl den Mittelpunkt eines Kreises finden, der durch 3 gegebene Punkte geht, welche nur nicht in einer geraden Linie liegen dürfen?

§. 71.

Zwei Sehnen; mögliche Fälle.

Da der Durchmesser des Kreises auch eine Sehne, nämlich eine Sehne durch den Mittelpunkt ist, so wird derselbe hier mitverstanden. Zwei Sehnen können nun entweder gegen einander geneigt, oder auch gleichlaufend sein. Im erstern Falle werden sie, wenigstens dann, wenn man sie hinlänglich verlängert, einen Winkel mit einander bilden. — Der Scheitel dieses Winkels kann entweder im Kreisumfange liegen, wenn beide Sehnen von einem Punkte ausgehen, oder im Innern des Kreises, wenn die Sehnen sich dort durchschneiden, oder auch außerhalb des Kreises, wenn sich die verlängerten Sehnen erst außerhalb des Kreises treffen. Man kann nun zuerst die Größe des Winkels untersuchen, den 2 Sehnen mit einander bilden; da aber die Sehnen begrenzte Linien sind, so ist auch die Frage nach ihrem Größenverhältniß gestattet.

Um hierbei mit Ordnung zu verfahren, wollen wir

A. Zwei ungleichlaufende Sehnen annehmen, und dabei

B. die Größe des von beiden Sehnen gebildeten Winkels untersuchen. Dieser Winkel kann nun sein

a) ein Winkel am Umfange. Er kann gebildet werden

a) von einem Durchmesser und einer andern Sehne

b) von 2 Sehnen, deren keine durch den Mittelpunkt geht.

b) Ein Winkel im Innern des Kreises. Dieser kann gebildet werden

a) von einem Durchmesser und einer andern Sehne

b) von 2 Sehnen, deren keine durch den Mittelpunkt geht.

c) Ein Winkel außerhalb des Kreises.

B. In allen diesen Fällen kann auch das Größenverhältniß der Sehnen untersucht werden, so weit es die bisherige Entwickelung gestattet.

B. Sodann wollen wir 2 gleichlaufende Sehnen annehmen, und, da hier kein Winkel entsteht, das Verhältniß der beiden Bogen, welche sie zwischen sich fassen, untersuchen.

Anm. Der Lehrer, welcher seine Schüler kennt, wird am besten beurtheilen können, wie weit er mit den Kindern gehen könne. Die Hauptsätze müssen allerdings auch mit dem Gedächtnisse aufgefaßt, die übrigen können mehr als Uebungen betrachtet werden. Auch sind solche Uebungen, bei welchen Winkel und Bogen von bestimmter Größe gegeben werden, wie § 14, § 35 u. s. w sehr zu empfehlen, wenn dabei nur verhütet wird, daß die Kinder den allgemeinen Satz nicht bloß nach der Analogie der einzelnen Fälle für richtig halten.

§ 72.

Zwei Sehnen; Winkel am Kreis-Umfange.

Es möge also zuerst ein Durchmesser DA (F. 92) und eine Sehne DB einen Winkel bilden, dessen Scheitelpunkt bei D im Kreisumfange liegt. Es entsteht die Frage, welche Beziehung sich zwischen diesem Winkel und dem Kreisbogen AB, auf welchem er steht, (Verbindungslehre § 45) angeben läßt.

Da man nach § 70 jede Sehne immer als Grundseite eines gleichschenkligen Dreiecks ansehen muß, dessen Spitze im Mittelpunkte liegt, so ziehe man CB. Da nun der Winkel ACB ein äußerer Winkel an der Spitze des gleichschenkligen Dreiecks ist, so folgt aus 34, 6 daß er doppelt so groß als D sei. Aber die beiden Winkel D und ACB, von denen der erste am Umkreise, der letztere am Mittelpunkte liegt, stehen beide auf dem Bogen AB; man hat daher den Satz:

1) Ein Winkel am Umkreise, welcher von einem Durchmesser und einer andern Sehne gebildet wird, ist halb so groß, als der Winkel am Mittelpunkte, der mit ihm auf gleichem Bogen steht.

Man konnte sich aber nach §. 69 des Bogens bedienen, um den dazu gehörigen Winkel am Mittelpunkte zu messen, oder, der Winkel am Mittelpunkte wurde durch den Bogen gemessen, auf welchem er stand. Man wird daher den obigen Satz auch so ausdrücken können:

2) Der Winkel am Umkreise, welcher von einem Durchmesser und einer Sehne gebildet wird, wird gemessen durch den halben Bogen, auf welchem er steht.

Dieser Satz muß nun durch mehre Beispiele den Kindern recht geläufig gemacht werden. Der Lehrer kann zu dem Ende den Bogen, auf welchem der Winkel D steht, in Graden angeben, und daraus die Größe des Winkels D berechnen lassen. Da die Abweichungswinkel (§ 33) des gleichschenkligen Dreiecks über der Sehne AB dem Winkel D gleich sind, so kann er sich dazu der Beispiele § 35 bedienen.

Der zweite Fall, wo 2 Sehnen einen Winkel am Umkreise bilden können, war der, wenn keine von beiden ein Durchmesser war. Der Mittelpunkt des Kreises liegt dann entweder innerhalb oder außerhalb der von den beiden Sehnen und dem Bogen, worauf sie stehen, gebildeten Figur.

Im erstern Falle, welchen F. 93 darstellt, ziehe man von D den Durchmesser DE. Alsdann wird der Winkel BDE gemessen von dem halben Bogen BE nach 2, der Winkel ADE wird eben so gemessen durch den halben Bogen AE. Nun besteht aber der ganze Winkel D, d. h. ADB aus den beiden Winkeln BDE und ADE. Er wird daher auch gemessen durch den halben Bogen BE und durch den halben Bogen AE, d. h. er wird gemessen durch den halben Bogen AB, auf welchem er steht.

Im 2ten Falle, welchen F. 94 darstellt, ziehe man gleichfalls die Hülfslinie DE. Denkt man sich nun für einen Augenblick die Sehne DA weg, so folgt aus 2, daß der Winkel EDB durch den halben Bogen DAB gemessen werde. Es wird aber auch der Winkel EDA durch den halben Bogen EA gemessen. Nun ist der Winkel ADB gleich EDB weniger EDA; er wird daher auch gemessen durch den halben Bogen EAB weniger dem halben Bogen EA, d. h. er wird gemessen durch den halben Bogen AB, auf welchem er steht.

Man kann also den Satz n. 2, mit Weglassung der Beschränkung, ganz allgemein so ausdrücken:

3) **Jeder Winkel am Umkreise, welcher von 2 Sehnen gebildet ist, wird gemessen durch den halben Bogen, auf welchem er steht.**

Und da der ganze Bogen immer das Maaß des zugehörigen Winkels am Mittelpunkte ist, d. h. da beide auf gleiche Weise (z. B. in Grade und Minuten) getheilt werden, so kann man auch den ersten Satz allgemein fassen.

4) **Ein jeder Winkel am Umkreise, welcher von 2 Sehnen gebildet wird, ist halb so groß, als der Winkel am Mittel-**

punkte, welcher mit ihm auf gleichem Bogen steht.

Aus diesen Sätzen folgt nun sogleich folgender:

5) **Alle Winkel am Umkreise, welche auf demselben oder auf gleichem Bogen stehen, sind gleich groß,** denn sie werden alle durch den halben Bogen gemessen, auf welchem sie stehen, (nach 3) oder sie sind alle (nach 4) halb so groß, als der Winkel am Mittelpunkte, der mit ihnen auf gleichem Bogen steht. — So sind (F. 95) die Winkel D, F, G, H, einander gleich, denn sie werden alle durch den halben Bogen AB gemessen, oder jeder von ihnen ist halb so groß als der Winkel ACB.

Der Lehrer setze nun die oben bezeichneten Uebungen fort. Um den letzten Satz den Kindern recht anschaulich, und für die Anwendung geläufig zu machen, bediene er sich der § 60 in der Anmerkung beschriebenen Verrichtung, befestige die beiden Stifte bei A und B, fasse den Faden mit einer Spitze, und führe sie im Umkreise von A über DFGH nach B. Der Winkel bleibt immer derselbe. — Er mache die Kinder hierbei darauf aufmerksam, daß wenn man von einem Dreiecke weiter nichts wüßte, als die Grundseite AB (F. 95) und den Winkel an der Spitze, (= ADH), letztere irgendwo in dem Bogen AGB liegen müsse. — Wie verhält sichs, wenn dieser Winkel ein Rechter ist?

Die obigen Sätze lassen sich auch auf den Fall anwenden, wenn der Kreisbogen größer als der

Halbkreis ist, und können dann so ausgedrückt werden:

6) Der Winkel im Kreisabschnitte (D Fig. 96) (Vbdgsl. § 45) wird gemessen durch den halben Bogen auf welchem er steht.

7) Alle Winkel in demselben Kreis-Abschnitte sind einander gleich.

Als ein besonders merkwürdiger Fall verdient hier der herausgehoben zu werden, wo der Winkel auf dem Halbkreise steht, also ein Winkel im Halbkreise ist. Da er durch den halben Halbkreis, d. h. durch den Quadranten gemessen wird, so muß er ein Rechter sein.

8) **Ein Winkel im Halbkreise (D Fig. 97) ist ein Rechter.**

73.

Zwei Sehnen; Winkel in der Kreisfläche, und außerhalb des Kreises.

Wenn sich 2 Sehnen innerhalb der Kreisfläche durchschneiden, so entstehen 4 Winkel (F. 98) von denen je 2 Scheitelwinkel sind.

1) **Jeder von den Winkeln, welche von 2 Sehnen innerhalb der Kreisfläche gebildet werden, wird gemessen durch die halbe Summe der beiden Bogen, auf welchen er selbst und sein Scheitelwinkel steht.** —

So wird ADE gemessen durch $\frac{1}{2}AE + \frac{1}{2}BF$.

Man ziehe nämlich die Hülfslinie AF, so ist ADE als äußerer Winkel am Dreieck ADF so groß, als die beiden Winkel A + F. (§ 17, 3). Es wird aber A gemessen durch den halben Bogen BF, F durch den halben Bogen AE, folglich A + F, oder ADE durch die halbe Summe der beiden Bogen BF und AE. — Zieht man die Hülfslinie BF, so läßt sich auf gleiche Weise beweisen, daß der Winkel EDB oder ADF durch die halbe Summe der beiden Bogen AGF und BE gemessen wird.

2) **Der Winkel, welchen 2 Sehnen, wenn man sie verlängert, außerhalb des Kreises mit einander bilden,** (die Neigung derselben gegen einander) **wird gemessen durch den halben Unterschied der beiden Bogen, welche zwischen ihnen liegen.** —

So wird (F. 99) D durch $\frac{1}{2}$ AE — $\frac{1}{2}$ BF gemessen. Zieht man nämlich AF, so ist der Winkel

$$AFE = A + D \quad \S\ 17,\ 3, \text{ folglich}$$
$$AFE - A = D. \quad \text{Es muß aber}$$
$$AFE = \tfrac{1}{2} AE \text{ und } A = \tfrac{1}{2} BF \quad (\S\ 72,\ 4)$$

daher $D = \frac{1}{2} AE - \frac{1}{2} BF$.

§ 74.

Zwei Sehnen; Größenverhältniß.

Die Größe einer Sehne ist zwar von der Größe des Bogens abhängig, (§ 68, 5) sie wächst mit demselben, und nimmt mit ihm ab, aber in einem andern Verhältnisse als der Bogen. Wenn z. B. in F. 96 der Bogen AD = DB, jeder also die Hälfte von AB ist, so sind zwar die Sehnen AD und DB gleich, aber sie sind keinesweges halb so groß als die Sehne. AD (§ 24, 2). Zu einem halb so großen Bogen gehört also gar nicht eine halb so große Sehne; Sehne und Bogen sind also nicht proportionirt. — Wie die Größe der Sehne von der Größe des Bogens abhängt, zu welchem sie gehört, wird in einer eigenen Wissenschaft, der Trigonometrie, gelehrt. Hier würde die Bestimmung dieser Abhängigkeit viel zu große Schwierigkeiten haben.

Es soll hier aber eigentlich auch nur von dem Größenverhältniß zweier Sehnen die Rede sein. Dieses Größenverhältniß ist nun aber von der Größe des Bogens, den die Sehnen zwischen sich fassen, oder auf welchem der Winkel, den sie bilden, steht, ganz unabhängig. Man denke sich z. B., die beiden Sehnen AD und BD F. 93 wären gleich, und schwenkten sich beide um den Scheitelpunkt D. Man sieht leicht daß es möglich sein wird, daß der Bogen AB größer oder kleiner wird, während die Sehnen immer einander gleich bleiben. Auf ähnliche Weise verhält sichs, wenn der Scheitelpunkt des Winkels innerhalb oder außerhalb der Kreisfläche liegt.

Es bleibt uns daher nur noch die Frage übrig, ob 2 sich durchschneidende Sehnen sich vielleicht nach gewissen Verhältnissen theilen. Um dieses zu untersuchen, gehen wir zuerst auf den Fall zurück, wo die Sehnen sich innerhalb der Kreisfläche durchschneiden (F. 98). Man ziehe die beiden Hülfslinien AF und BE. In den beiden Dreiecken ADF und EDB ist $\angle A = \angle E$ (§ 72, 5) $\angle F = \angle B$, die beiden Dreiecke daher einander ähnlich (§ 48, 1). Achtet man nun darauf, welche Seiten gleichnamig sind, d.

h. den gleichen Winkeln gegenüber stehen, und stellt diese gehörig zusammen, (§ 44) so gelangt man zu folgender Verhältnißgleichung

$$AD : DE = DF : DB$$

1) **Wenn sich 2 Sehnen innerhalb des Kreises durchschneiden, so bilden die abgeschnittenen Stücke eine richtige Verhältnißgleichung, wenn man die Theile jeder Sehne zu symmetrischen Gliedern macht.** — Hieraus folgt nach § 55, 2.

2) **Wenn sich 2 Sehnen innerhalb des Kreises schneiden, so ist das Rechteck aus den abgeschnittenen Stücken der einen Sehne allemal eben so groß, als das Rechteck aus den abgeschnittenen Stücken der andern.**

Der Lehrer suche den Kindern das Auffallende und anscheinend Widersinnige zu nehmen, welches darin liegt, daß das Rechteck aus den abgeschnittenen Stücken einer sehr großen Sehne dem Rechtecke aus den abgeschnittenen Stücken einer sehr kleinen gleich ist.

Es verdient hier der Fall noch besonders herausgehoben zu werden, wenn die eine Sehne ein Durchmesser ist, welcher auf der andern Sehne senkrecht steht. (F. 100). Da diese Sehne (nach 70, 4) von dem Durchmesser halbirt wird, die abgeschnittenen Stücke DE und DF folglich gleich sind, so wird die obige Verhältnißgleichung $AD : DE = DF : DB$ eine stetige (Vorüb. § 17) und kann ausgedrückt werden $AD : DE = DE : DB$, das Rechteck der beiden innern Glieder verwandelt sich dann in ein Quadrat (55, 4) und man hat aus 1 und 2 folgende Sätze:

3) Ein Perpendikel aus einem Punkte des Umkreises auf einen Durchmesser gefällt, ist das mittlere Glied einer stetigen Verhältnißgleichung (die mittlere Proportionale) zwischen den beiden Abschnitten des Durchmessers.

4) Das Quadrat dieses Perpendikels ist dem Rechtecke aus den beiden Abschnitten des Durchmessers gleich.

Man hätte diese Sätze auch leicht aus § 50, 3 herleiten können. Zieht man nämlich die beiden Hülfslinien AE und BE so ist das Dreieck ABE rechtwinklig (§ 72, 8) und DE ein Perpendikel auf die Hypotenuse.. — Aus § 50, 4 hat man nun noch folgende Sätze:

5) Wenn man aus dem einen Endpunkte einer Sehne eines Kreises einen Durchmesser zieht, und aus dem andern Endpunkte derselben ein Perpendikel darauf fällt, so ist die Sehne die mittlere Proportionale zwischen dem anliegenden Abschnitte und dem ganzen Durchmesser.

6) Das Quadrat dieser Sehne ist gleich dem Rechteck aus dem anliegenden Abschnitte und dem ganzen Durchmesser.

In F. 100 ist $AD : AE = AE : AB$
und $AE^2 = AB \times AD$.
Auch ist $BD : BE = BE : AB$
und $BE^2 = AB \times BD$.

Wie würde man wohl ein gegebenes Rechteck

oder spåthiges Viereck in ein Quadrat verwandeln können, welches ihm an Flächenraum gleich ist?

Diese Verhältnisse ergaben sich, wenn sich die Sehnen innerhalb der Kreisfläche schnitten. Wir gehen nun auf den zweiten Fall über, wo sich die Sehnen außerhalb des Kreises schneiden. Zieht man hier die beiden Hülfslinien AF und BE (F. 99) so sind die Dreiecke ADF und EDB wiederum ähnlich, weil $\angle A = \angle E$, und der Winkel bei D beiden Dreiecken gemein ist. Man hat daher AD: DE = DF: DB. Nennt man nun die bis zu ihrem Durchschnitt verlängerten Sehnen Secanten, so kann man folgende Sätze aufstellen:

7) **Wenn man von einem Punkte 2 Secanten durch den Kreis zieht, und jede ganze Secante und ihren außerhalb der Kreisfläche liegenden Abschnitt zu symmetrischen Gliedern macht, so erhält man jedesmahl eine richtige Verhältnißgleichung.**

8) **Die Rechtecke aus der ganzen Secante und ihre außerhalb des Kreises liegenden Abschnitte sind einander gleich.**

Stellt man sich vor, die Sehne AB (Fig. 98 und 99) schwenkte sich um den festen Punkt D, und nennt man in jeder Lage ihre Durchschnittspunkte mit dem Umkreise A und B, so bleibt das Rechteck aus AD und BD immer gleich.

§ 75.

Zwei gleichlaufende Sehnen.

Es ist noch übrig 2 gleichlaufende Sehnen AB und EF (F. 101) anzunehmen, und das Verhältniß der Bogen AE, BF zu untersuchen, welche sie zwischen sich fassen. Zu diesen Ende ziehe man AF. Die Winkel A und F sind einander gleich, (§ 13, 3) und da beides Winkel am Umkreise sind, welche von den halben Bogen gemessen werden, auf welchen sie stehen, so müssen die halben Bogen AE und BF, folglich auch die ganzen Bogen einander gleich sein. Man hat daher den Satz:

Wenn zwei Sehnen eines Kreises gleichlaufend sind, so sind die zwischen ihnen liegenden Bogen gleich groß.

§ 76.

Streiflinie und Halbmesser.

Ueber die Lage des entstehenden Winkels vergleiche man Verbindungslehre § 46. Es wird hier zunächst gezeigt werden müssen, wie man eine Streiflinie oder Tangente an einen Kreis ziehen kann, welches sich bei den übrigen Linien von selbst ergab. Erinnern wir uns nun zuerst, daß die Streiflinie Einen Punkt mit dem Kreise gemein haben muß, den Berührungspunkt. Dieser Punkt wird im Umkreise liegen, folglich der äußere Endpunkt eines Halbmessers sein müssen. Alle übrigen Halbmesser werden die Streiflinien aber nicht mehr erreichen dürfen, denn sie soll außer dem Einen Punkte keinen andern mit dem Kreise gemein haben. Von allen Punkten der Streiflinie ist also der Berührungspunkt dem Mittelpunkte am nächsten. Der Halbmesser nach diesem nächsten Punkte ist folglich die Entfernung der Streiflinie vom Mittelpunkte, und also darauf senkrecht.

1) **Errichtet man im äußern Endpunkte eines Halbmessers eine Senkrechte, so ist dieselbe eine Streiflinie des Kreises.**

Denn wenn (F. 102) ST in B auf den Halbmesser CB senkrecht ist, so hat sie Einen Punkt, nämlich den Punkt B mit dem Kreise gemein. Jeder andere Punkt z. B. D liegt dagegen außerhalb des Kreises. Zieht man nämlich aus dem Mittelpunkte desselben die Gerade CD, so erhält man ein rechtwinkliges Dreieck, und CD als dessen Hypotenuse, folglich größer als CB. (§ 38, 1.) Man nehme CE = CB, so liegt E im Umkreise, und alle in der Verlängerung von CE liegenden Punkte, wozu auch D gehört, müssen außerhalb des Kreises liegen. Die Linie ST hat also außer dem Punkte B keinen andern mit dem Kreise gemein, ist folglich eine Streiflinie.

2) **Ein Halbmesser oder Durchmesser, nach dem berührenden Punkte einer Streiflinie gezogen, ist auf derselben senkrecht.** —

Man nehme an, ST sei eine Streiflinie, und B

der berührende Punct. Wenn nun CB auf ST nicht senkrecht wäre, so würde sich doch eine Senkrechte aus C auf ST denken lassen. Gesetzt CD wäre auf ST senkrecht, so wäre das Dreieck CBD bei D rechtwinklig und CD wäre kleiner als CB, d. h. kleiner als der Halbmesser; (38, 1) der Punkt D müßte also innerhalb der Kreisfläche liegen, welches unmöglich ist da ST eine Streiflinie sein soll. (Vergleiche § 70)

Die Kreislinie war eine krumme Linie, d. h. eine solche, welche zwar in jedem Punkte ihre Richtung verändert, aber jedesmahl nur unendlich wenig. Denkt man sich nun einen Punkt in derselben, so hat die Kreislinie in diesem Punkte zwar eine gewisse bestimmte Richtung, aber diese ist in einem nahebei liegenden Punkte schon wieder eine andere. Die Tangente an einem Punkt giebt nun die Richtung der Kreislinie in diesem Punkte an; man kann sich vorstellen, daß sie eine unendlich kleine Strecke mit dem Bogen zusammenfiele, und nur die sichtbar gemachte Richtung dieser unendlich kleihen Strecke, oder dieses Elements des Bogens sei. Da nun der Halbmesser in dem berührenden Punkte auf der Tangente senkrecht ist, so ist er auch überall auf dem Elemente des Bogens senkrecht, welches er trifft.

3) Der Halbmesser eines Kreises ist auf dem Elemente des Kreisbogens senkrecht, welches er trifft.

Man hat gefragt, ob die Streiflinie mit dem Bogen einen Winkel bilde. Diese Frage muß verneint werden, denn ein Winkel ist der Unterschied in der Richtung zweier Linien. Nun hat die Streiflinie mit der Kreislinie im Punkte B dieselbe Richtung. In jedem andern Punkte der Kreislinie ist die Richtung eine andre und andre. Wollte man nun wissen, wie groß der Unterschied der Richtung der Kreislinie und der Tangente ST in irgend einem andern Punkte der erstern z. B. in E wäre, so würde man dieses dadurch erfahren können, daß man in E auch eine Tangente an den Kreis zöge. Hierdurch erhält man aber so viele verschiedene Winkel als man Punkte auf der Kreislinie annimmt. Die Tangente bildet also mit dem Kreisbogen gar keinen bestimmten Winkel.

§ 77.

Streiflinie und Sehne.

Wenn man sich vorstellt, eine Linie, wie MN (Fig. 103) bewegte sich, indem sie immer mit sich selbst gleichlaufend bliebe, durch den Kreis, so daß sie nach und nach in die Bogen OP, QR, ST käme, so würde das Stück derselben, welches eine Sehne des Kreises ist, nach und nach kleiner werden, so wie sich die Linie dem Rande des Kreises allmählig nähert, bis sie zuletzt nur noch einen Punkt mit demselben gemein hat, folglich eine Tangente geworden ist. Die Sehne, als unendliche Linie betrachtet, kann also durch einen stetigen Uebergang zur Tangente werden, und hieraus folgt, daß man die Tangente als eine Sehne eines unendlich kleinen Bogens, der nur noch ein Punkt ist, betrachten kann. Dadurch wird es nun möglich, die Sätze, welche wir von 2 Sehnen gehabt haben, unmittelbar für Sehne und Tangente auszusprechen. Wir wollen ihnen aber auch noch andere Beweise beifügen.

Betrachten wir nun zuerst den Winkel AEB, (Fig. 104) welchen zwei Sehnen am Umkreise bilden, und stellen wir uns vor, der Scheitelpunkt rückte im Umkreise durch F, G bis gegen B fort. Der Winkel bleibt nach § 72, 5 immer gleich; er wird also auch noch derselbe sein, wenn der Scheitelpunkt dem Punkt B unendlich nahe liegt. Dann ist aber die zweite Sehne unendlich klein, und geht verlängert in die Tangente über.

1) **Der Winkel, welchen eine Sehne mit einer Streiflinie im berührenden Punkte bildet, ist dem Winkel im entgegenstehenden Abschnitt gleich, und wird daher durch den halben Bogen gemessen, welchen die Sehne abschneidet.**

Denn zieht man (F. 105.) vom berührenden Punkte noch den Durchmesser BE und die Sehne AE, so ist der Winkel E dem Winkel ABS gleich, weil beide den Winkel ABE zum Rechten ergänzen. (§ 72, 8 und § 76, 2)

Denkt man sich, die Secante AD (Fig. 99) schwenkte sich um den Punkt D, so daß der Winkel D größer würde, so rücken die Punkte A und B näher zusammen, so bald sich die Secante dem Rande des Kreises nähert. Wird die Secante endlich eine Tangente, so fallen beide Punkte zusamsammen, und die ganze Secante und ihr Abschnitt außer dem Kreise sind nicht mehr von einander verschieden. Man hat daher folgende Sätze.

2) Der Winkel, den eine Streiflinie mit einer verlängerten Sehne bildet, wird gemessen durch den halben Unterschied der beiden Bogen, welche zwischen ihnen liegen (§ 73, 2)

3) Die Streiflinie, vom berührenden Punkte bis zum Durchschnittspunkte mit einer verlängerten Sehne, (Secante) ist das mittlere Glied einer stetigen Verhältnißgleichung, deren äußere Glieder die ganze Secante und ihr außerhalb des Kreises liegender Abschnitt sind, d. h. (Fig. 106) DF : DB = DB : DE (§ 74, 7)

4) Das Quadrat der Streiflinie vom berührenden Punkte bis zu ihrem Durchschnitt mit einer Secante ist dem Rechteck aus der ganzen Secante, und ihrem außerhalb des Kreises liegenden Abschnitte gleich, (§ 74, 8) d. h. $BD^2 = DE \times DF$.

Um den 2ten Satz zu beweisen ziehe man die Sehne BG gleichlaufend mit EF. Da nun BF = GE, (§ 75) so ist GB der Unterschied der beiden Bogen EGB und FB, und seine Hälfte das Maaß des Winkels GBF (1) folglich auch des Winkels D (§ 13, 1)

Um den 3ten Satz (woraus dann auch der 4te

folgt) zu beweisen, ziehe man BE und BF. Die beiden Dreiecke DBF und DEB sind ähnlich, weil, außer dem gemeinschaftlichen Winkel bei D, die Winkel DBF und E (nach 1) gleich sind. Beachtet man nun gehörig, welche Glieder gleichnamig sind, so erhält man die Verhältnißgleichung: DF : DB = DB : DE.

5) Wenn eine Streiflinie mit einer Sehne gleichlaufend ist, so sind die Bogen, welche sie zwischen sich fassen, einander gleich. (§ 75)

§ 78.

Zwei Streiflinien.

Denkt man sich, die beiden Secanten AD und ED (Fig. 99) schwenkten sich um den Punkt D bis sie beide zu Streiflinien werden, (Fig 107) so folgt aus 73, 2

1) Der Winkel, welchen 2 Streiflinien miteinander bilden, wird gemessen durch den halben Unterschied der beiden Bogen, in welche der Kreis durch die beiden Berührungspunkte eingetheilt wird. —

Zieht man nämlich BG mit DF gleichlaufend, so ist BF = GF, (77, 5) GB der Unterschied der beiden Bogen BGF und BF, und seine Hälfte das Maaß des Winkels GBF (§ 77, 1) folglich auch des Winkels D (§ 13, 1). Aus 74, 7 folgt:

2) Zwei Streiflinien von ihrem

Durchschnittspunkte bis zum Berührungspunkte sind einander gleich. — Zieht man nähmlich die Hülfslinie BF, so ist das Dreieck DBF wegen der gleichen Winkel bei B und F gleichschenklig.

3) Der Winkel, welchen 2 Streiflinien in ihrem Durchschnittspunkte mit einander bilden, wird durch die Gerade nach dem Mittelpunkt des Kreises halbirt. —

Zieht man nämlich die Halbmesser CB, CF nach den Berührungspunkten, so sind die Dreiecke CBD und CFD deckend (§ 28 und 76, 2) die Winkel bei D also gleich. Auch sind die Winkel bei C gleich.

§ 79.

Verbindung einer Figur mit dem Kreise.

Eine Figur kann auf sehr mannichfaltige Weise mit dem Kreise verbunden werden. Beschränken wir uns auf die Verbindungslehre § 47 angegebenen Verbindungen, so ist zuerst eine von 2 Halbmessern und einer Sehne gebildete Figur ein gleichschenkliges Dreieck (§ 70). Was das Dreieck betrifft, welches von 2 Sehnen und einem Durchmesser gebildet wird, so wissen wir schon aus § 72, 8 daß es ein rechtwinkliges ist.

Setzt man in den Umkreis 3 beliebige Punkte ADB (Fig. 96) und verbindet man sie durch

Sehnen, so erhält man ein Dreieck im Kreise. Die Winkel desselben stehen auf dem ganzen Umkreise, haben daher den halben Umkreis zu ihrem Maaße, wie aus § 16, 1 bekannt ist.

1. Setzt man 4 beliebige Punkte in dem Umkreis wie ABDE (F. 108) und verbindet man sie durch Sehnen, welche sich nicht schneiden, so erhält man ein Viereck. Jede zwei gegenüberstehende Winkel, wie A und D, stehen auf dem ganzen Umkreise, werden daher durch den halben Umkreis gemessen, d. h. sie sind zusammengenommen so groß als 2 Rechte. Von den späthigen Vierecken können daher nur die rechtwinkligen im Kreise verzeichnet werden.

Unregelmäßige Figuren von mehr als 4 Seiten bieten uns, wenn sie im Kreise verzeichnet sind, nichts besonders Merkwürdiges dar. Wir gehen daher zu den regelmäßigen Figuren über.

2) Theilt man einen Kreis in eine beliebige Anzahl gleicher Theile, und verbindet man dann die zunächst liegenden Theilungspunkte durch Sehnen, so erhält man immer eine regelmäßige Figur. ABDEFG (Fig. 109) Es sind nämlich alle Seiten gleich, nach § 68, 5 und auch alle Winkel nach 72, 5, die Figur daher regelmäßig nach § 44, 1.

3) Zieht man durch die Theilungspunkte Streiflinien und betrachtet sie bis zu ihrem Durchschnitt, so erhält man gleichfalls eine regelmäßige, aber um den Kreis beschriebene Figur, ABDEFG (Fig. 110). —

Zieht man nämlich die Geraden nach den Berührungspunkten und nach den Durchschnittspunkten, so sind die Winkel MCL, LCK u. s. w. einander gleich, (§ 68, 2) folglich auch ihre Hälften (§ 78, 3 Zus.) d. h. die sämmtlichen ungetheilten Winkel am Mittelpunkte. Auch sind die Winkel in den Berührungspunkten gleich, weil sie Rechte sind (§ 76, 2). Die sämmtlichen stetig um den Mittelpunkt des Kreises liegenden Dreiecke sind daher gleichwinklig und ähnlich, und da je 2 stetig an einander liegende immer eine gemeinsame und gleichnamige Seite haben, so sind sie alle deckend. (§ 29) Die halben, folglich auch die ganzen Seiten des um den Kreis beschriebenen Vielecks sind daher einander gleich, und da überdieß die Winkel desselben aus gleichen Theilen zusammengesetzt sind, so ist das Vieleck ein regelmäßiges.

Anm. Es scheint hiernach leicht zu sein ein Vieleck von so vielen Seiten, als man will, in oder um den Kreis zu zeichnen. Diese Aufgabe hat aber dennoch ihre Schwierigkeiten, wenn davon die Rede ist diese Construction mit Zirkel und Lineal mit völliger geometrischer Genauigkeit auszuführen, ja sie ist bei manchen Vielecken, z. B. dem 7 eck, 9 eck, 11 eck u. s. w. für die Elementargeometrie ganz unauflösbar. Das thut indeß unsern Sätzen keinen Eintrag, da es bei diesen blos darauf ankommt, sich die Möglichkeit einer solchen Theilung, abgesehen von aller practischen Ausführbarkeit, zu denken, und diese ist bei allen stetigen Größen ganz unzweifelhaft.

Wie man sich zu benehmen habe, um einen Kreis in 4 gleiche Theile zu theilen, ergiebt sich leicht aus § 68, 3 (F. 90) und daraus folgt dann, durch Halbiren des Winkels am Mittelpunkte, der Sehne oder des Bogens, leicht ein Verfahren einen Kreis in 8, in 16, 32, u. s. w. Theile zu theilen, und folglich ein regelmäßiges Viereck, Achteck, Sechzehneck u. s. w. geometrisch zu construiren. — Einen andern merkwürdigen Fall wollen wir im folgenden § näher erwägen.

§ 80.

Berechnung des Kreisumfangs.

Wenn man mit einem Zirkel einen Kreis gezeichnet hat, so kann man den Halbmesser desselben genau 6 mahl im Umkreise herumtragen. Setzt man nämlich den einen Fuß desselben in irgend einen Punkt A (Fig. 109) des Umfanges und macht dann, während der Zirkel noch die nämliche Eröffnung hat, womit der Kreis geschlagen ist, mit dem andern Fuße einen Durchschnitt durch den Kreisumfang bei B, hierauf wieder aus B einen Durchschnitt in D, aus D in E, aus E in F, aus F in G, so trifft der Durchschnitt aus G wieder den Kreisumfang in A. Der Grund dieses Verhaltens ist leicht einzusehen. Zieht man nämlich die Sehne AB, so bezeichnet diese die Entfernung der beiden Spitzen des Zirkels, und ist also dem Halbmesser CA oder CB, mit welchem der Kreis geschlagen worden, gleich. Das Dreieck CAB ist daher ein gleichseitiges, der Winkel bei C folglich $\frac{2}{3}$ eines Rechten oder 60 Grad (§ 36, 5) und der Bogen AB enthält gleichfalls 60° oder $\frac{2}{3}$ eines Quadranten, (68 und 69) beträgt daher genau den 6ten Theil des ganzen Umkreises, welcher 360° enthielt.

Das in dem Kreise beschriebene regelmäßige Sechseck bietet uns nun mehreres Merkwürdige dar. Zuerst sieht man, wie man mittelst Halbiren der Bogen ein regelmäßiges 12eck, 24eck, 48eck

u. s. w. im Kreise und um den Kreis beschreiben kann.

Sodann, und das ist nun hier die Hauptsache, fällt in die Augen, daß sein Umfang so groß ist, als 6 Halbmesser, oder 3 Durchmesser des umschriebenen Kreises. Nun ist jeder Bogen etwas größer als die dazu gehörige Sehne (24, 1), z. B. der Bogen AB ist größer als die Sehne AB; daher werden auch die 6 Bogen zusammengenommen etwas größer sein müssen als die 6 Sehnen zusammengenommen, d. h. der Umfang des Kreises ist etwas größer als 6 Halbmesser, oder als 3 Durchmesser. — Wieviel dieses beträgt, um welches die Länge des Kreisumfanges die Länge von 3 Durchmessern übertrifft, läßt sich zwar in Zahlen nicht mit vollendeter Genauigkeit angeben, ist aber von den Mathematikern mit mehr als hinreichender Schärfe berechnet worden.

Wenn es nicht um sehr große Genauigkeit zu thun ist, so genügt es den Kreisumfang um $\frac{1}{7}$ eines Durchmessers größer zu nehmen, als 3 Durchmesser. Der Fehler beträgt dann nicht ganz 3 Tausendtheilchen eines Durchmessers, um welche man den Umfang zu groß findet. Gesetzt der Durchmesser eines Kreises wäre 7 Zoll, so betrüge der Kreisumfang $3 \cdot 7$ Zoll $+ \frac{1}{7} \cdot 7$ Zoll, d. h. 22 Zoll. — Man nennt dieses Verhältniß 7 : 22 das Archimedische. — Ist größere Genauigkeit erforderlich, so nehme man das Verhältniß von

10000: 31416 oder 1: 3, 1416, wenn man mit Decimalbrüchen umzugehen weiß. Wir wollen diese Zahl von ihrem Erfinder die Ludolf von Coulonsche nennen.

Es sei der Durchmesser eines Kreises d, sein Umfang = p, so hat man 7: 22 = d: p oder $p = 3\frac{1}{7}.d$ und $d = \frac{7}{22}$ p. Man rechnet nämlich nach der Regel Detri: Wie sich verhält 7 zu 22, so verhält sich der Durchmesser eines Kreises zu seinem Umfange, woraus man den Umfang findet, wenn man den Durchmesser weiß; oder: wie sich verhält 22 zu 7, so verhält sich der Umfang eines Kreises zu seinem Durchmesser.

Beisp. 1. Dieser Kreis hat 18 Zoll im Durchmesser, wie groß ist sein Umfang?

Ansatz: 7 : 22 = 18: ?

Rechnung: 7) 3

64

$2\frac{4}{7}$

$56\frac{4}{7}$

Der Umfang beträgt also $56\frac{4}{7}$ Zoll.

Beisp. 2. Dieser Baumstamm hat 80 Zoll im Umfange, wie groß ist sein Durchmesser?

Ansatz: 22: 7 = 80: ?

7

560

Rechnung: 22) $25\frac{5}{11}$.

Wer mit Decimalbrüchen umzugehen weiß, für den bedarf es hier keiner weitern Anweisung in Beziehung auf die Ludolf von Coulonsche Zahl.

Es ist nun auch gar nicht schwer die Länge

eines in Graden bestimmten Kreisbogens zu finden, wenn der Durchmesser oder Halbmesser des Kreises gegeben ist. — Man stelle sich nämlich vor, der Umkreis wäre in seine 360 Grade getheilt, so wird die Länge eines Bogens von 1 Grad der 360ste Theil des Kreisumfanges sein müssen. Man findet sie also, wenn man erst die Länge des Kreisumfanges berechnet, und dann mit 360 dividirt. Hat man aber die Länge eines Bogens von 1 Grad, so ist nichts leichter, als die Länge eines Bogens von einer beliebigen Anzahl von Graden zu finden. Man darf sie nämlich nur mit der Anzahl der Grade multipliziren.

Anm. Für Kinder, wie sie hier vorausgesetzt werden, wird diese Darstellung genügen, und der Lehrer wird sich leicht aus größern math. Werken unterrichten können. Will er ihnen aber doch einen Begriff von der Art, wie man dieses Verhältniß zwischen Durchmesser und Umkreis gefunden hat, beibringen, so sage er ihnen, daß man durch Anwendung des Pythagoräischen Lehrsatzes den Umfang des Sechsecks um den Kreis, und dann mittelst desselben Lehrsatzes, den Umfang des äußern und innern Zwölfecks, aus diesem wieder den Umfang des äußern und innern 24ecks u. s. w. finden könne. — Der Kreisumfang ist immer größer als der Umfang des innern, aber kleiner als der Umfang des äußern Vielecks; beide schließen sich aber immer näher an den Kreis an, und der Unterschied ihrer Umfänge wird immer geringer, je mehr Seiten man ihnen giebt. — Man wird nun die Zahl der Seiten beider Vielecke so groß nehmen können, daß dieser Unterschied noch nicht ein Tausendtheilchen oder noch nicht ein Milliontheilchen beträgt. Der Unterschied des Kreisumfanges von dem Umfange des äußern oder innern Vielecks wird dann noch geringer, bis auf ein Tausendtheilchen oder ein Milliontheilchen also gewiß richtig sein. —

§ 81.

Berechnung der Kreisfläche.

Da wir nun den Umfang eines Kreises aus seinem Durchmesser finden können, so wird es uns auch möglich sein, den Flächeninhalt desselben zu berechnen. (§ 66 am Ende). Dieser war nämlich einem Dreiecke gleich, dessen Grundseite der Kreisumfang, und dessen Höhe der Halbmesser ist. (§ 66, 3. F. 87). Den Flächeninhalt eines Dreiecks aber findet man, wenn man (nach § 61, 9) das halbe Produkt aus Grundseite und Höhe nimmt. Die Regel ist also folgende:

1) **Um den Flächeninhalt eines Kreises, dessen Durchmesser gegeben ist, zu finden, suche man seinen Umfang, (§ 80) multiplizire ihn mit dem halben Durchmesser, und nehme von dem Produkte die Hälfte.**

Beisp. 1. Wenn der Durchmesser 7 Zoll beträgt, so beträgt der Umfang 22 Zoll (§ 80) folglich der Flächeninhalt die Hälfte von $3\frac{1}{2} \times 22$ in Quadratzollen, und dieses beträgt $58\frac{1}{2}$ Quadratzoll.

Beisp. 2. Wenn der Durchmesser 18 Zoll beträgt,

so beträgt der Umfang $56\frac{4}{7}$ Zoll (§ 80) folglich der Flächeninhalt $\frac{9 \cdot 56\frac{4}{7}}{2} = 254\frac{4}{7}$.

Beisp. 3. in Decimalbrüchen. Es sei der Durchmesser 37 Zoll so beträgt der Umfang 37 × 3, 1416 = 116, 2392, und der Flächeninhalt 18, 5 × 116, 2392 = 2150, 42520 Quadratzoll. Dieser Werth ist aber nur bis auf etwa 7 Milliontheilchen des Ganzen richtig, und man muß daher wenigstens die beiden letzten Stellen wegwerfen, wenn man sich nicht in Ansehung der Genauigkeit selbst täuschen will.

Anm. Der Lehrer muß bei den Kindern zu bewirken suchen, daß sie sich zur Berechnung anfangs nicht der in Worten, sondern der in der Figur (F. 87) ausgedrückten Regel bedienen, d. h. daß sie die Regel sich jedesmal selbst aus der Figur nehmen, weil sie sich dadurch fortwährend des Grundes derselben bewußt werden. Um die Regel durch die Construktion selbst abzukürzen kann noch Folgendes dienen:

Es sei ABC (F. 111) das Dreieck, welches dem Kreise gleich, d. h. dessen Grundseite dem Kreisumfange, und dessen Höhe dem Halbmesser gleich ist. Man nehme AD dem Durchmesser gleich, und ziehe CD. — Das Dreieck ACD ist nun dem Quadrate des Halbmessers gleich, (§ 61, 9) und da Dreiecke von gleicher Höhe sich wie ihre Grundseiten verhalten, (§ 61, 5) so ist das Dreieck ACD, d. h. das Quadrat des Halbmessers, in dem Dreieck ACB, d. h. dem Flächeninhalt des Kreises, so vielmal enthalten, als AD in AB, d. h.

der Durchmesser im Kreisumfange enthalten ist. — Hieraus folgt:

2) **Man erhält den Flächeninhalt eines Kreises, wenn man das Quadrat des Halbmessers mit $3\frac{1}{7}$, oder 3, 1416 multiplizirt. Oder:**

Das Quadrat des Halbmessers verhält sich zum Flächeninhalt eines Kreises wie der Durchmesser zum Umfange.

Beisp. Es sei der Durchmesser 24′ so ist das Quadrat des Halbmessers 12 . 12 = 144 Quadratfuß, und der Flächeninhalt des Kreises $3\frac{1}{7}$. 144□′ = $452\frac{4}{7}$□′ oder 3, 1416 × 144 = 452, 39□′.

Aus § 68, 5 und § 80 kann man nun auch den Flächeninhalt eines Kreisausschnitts berechnen. Es folgt dieser auch aus folgender Betrachtung. Wenn man sich wie § 80 den Kreisumfang in seine 360 Grade getheilt, und nach jedem Theilungspunkte einen Halbmesser gezogen denkt, so ist klar, daß jeder der dadurch entstehenden Kreis-Ausschnitte der 360ste Theil von dem Flächeninhalte des Kreises sein müsse. Man findet also den Flächeninhalt eines Kreisausschnittes von 1 Grad, wenn man den Flächeninhalt des Kreises mit 360 dividirt. Der Flächeninhalt eines Kreisausschnittes von 10 Grad oder 20 Grad enthält nun 10 oder 20 Kreisausschnitte von 1 Grad. Man muß also den Flächeninhalt eines Kreisausschnittes von 1 Grad noch mit der Anzahl der Grade multipliziren. — Daß diese Regel mit der § 68, 5 genau übereinstimmt, sieht man leicht wenn man F. 112 mit F. 111 vergleicht.

Beisp. In dem obigen Kreise, dessen Halbmesser 24′ war, ist ein Kreisausschnitt von 1 Grad (mit Weglassung des Bruchs) $\frac{452}{360}$ □′, ein Ausschnitt von 20 Grad $20 \cdot \frac{452}{360} = \frac{452}{18}$ $25\frac{1}{9}$′□ oder in Decimalbrüchen $\frac{452,39}{18} = 25,13$□′.

Wäre nicht der Durchmesser, sondern der Umfang gegeben, so würde man diesen und den Halbmesser doch aus § 80 leicht finden, und so die vorgelegten Fragen beantworten können.

Anm. Es mögen hier noch die obigen Regeln, in allgemeinen Zeichen ausgedrückt, Platz finden. Es bezeichne π die Ludolf von Coulonsche Zahl, p den Umfang, d den Durchmesser, r den Halbmesser, A den Flächeninhalt eines Kreises, S den Flächeninhalt eines Ausschnittes, dessen Bogen = a enthalten mag n Grade so ist: 1) $p = d\pi = 2r\pi$; 2) $d = \frac{p}{\pi}$ $r = \frac{p}{2\pi}$; 3) $A = r^2\pi = \frac{1}{4}d^2\pi$; 4) $A = \frac{p^2}{4\pi}$; 5) $a = \frac{n}{360} \cdot p = \frac{n}{360} d\pi = \frac{n}{180} r\pi$; 6) $S = \frac{1}{2}ar = \frac{n}{360} A = \frac{n}{360} r^2\pi = \frac{n}{360} \cdot \frac{p^2}{4\pi}$

§ 82.

Berechnung der Kreisfläche im Kreismaaß.

Es giebt noch eine andre Art den Flächeninhalt eines Kreises zu bestimmen, welche wegen ihrer Leichtigkeit Empfehlung verdient, aber nur dann

Anwendung findet, wenn man Kreise blos unter sich und nicht mit geradlinigen Figuren vergleicht. So wie man nämlich ein Quadrat mit einem Quadrate ausmißt, so kann man überhaupt jede Figur mit einer ihr ähnlichen, so kann man auch Kreise mit Kreisen ausmessen. Es ist zwar nicht möglich kleine Kreise so an einander zu legen, daß sie den Flächenraum eines großen genau ausfüllen; da sich aber Kreise verhalten wie die Quadrate ihrer Halbmesser oder ihrer Durchmesser (§ 66, 4) so hat man dadurch ein Mittel dieses Verhältniß leicht zu bewahren. Es heiße demnach ein Kreis, dessen Durchmesser ein Zoll ist, ein Kreiszoll, und auf gleiche Weise bedeute ein Kreisfuß, eine Kreisruthe, eine Kreismeile einen Kreis, dessen Durchmesser ein Fuß, Ruthe, Meile u. s. w. ist, so wird man den Inhalt eines gegebenen Kreises mit derselben Leichtigkeit im Kreismaaße bestimmen können, als man den Flächeninhalt eines gegebenen Quadrats im Quadratmaaße bestimmt. Man darf nämlich nur den im Längenmaaße ausgedrückten Durchmesser mit sich selbst multipliziren, um den Inhalt des Kreises im Kreismaaße zu finden.

Beisp. x. Wenn der Durchmesser eines Kreises 7, 10, 25 Zoll beträgt, so beträgt der Flächeninhalt 49, 100, 625 Kreiszoll.

Anm. Wenn A□ den Flächeninhalt eines Kreises im Quadratmaaße, A° die nämliche Größe im Kreismaaß ausgedrückt bezeichnet, so ist $A^{\circ} = d^2$, $A\square =$

$\frac{1}{4}d^2\pi = \frac{1}{4}A^\circ\pi$. Man darf daher den Flächeninhalt im Kreismaaße nur mit $\frac{1}{4}\pi = 0,7854$ multiplіziren, um denselben im Quadratmaaße zu erhalten.

§ 83.

Zwei Kreise.

Wir haben bisher gerade Linien und geradlinige Figuren mit dem Kreise verknüpft. Es bleibt uns noch übrig, die Kreise nach Anleitung von Verbindungslehre § 48 unter sich zu verbinden.

Wenn 2 Kreise concentrisch sind, so kann nach dem Flächeninhalt des Ringes gefragt werden. Diesen erhält man, wenn man den einen Kreis vom andern abzieht, nachdem man beide aus ihren Durchmessern, Halbmessern oder Umfängen berechnet hat.

Sollte nun ein Kreis gefunden werden, welcher dem Ringe gleich ist, so kann das auf dieselbe Weise geschehen, wie man ein Quadrat findet, welches dem Unterschiede zweier Quadrate gleich ist. § 65. Auch findet alles, was dort über die Addition, Multiplikation und Theilung gesagt ist, hier seine Anwendung, wenn man statt der Seite des Quadrats hier den Durchmesser oder den Halbmesser setzt.

Die übrigen Verbindungen zweier Kreise bieten uns hauptsächlich nur dann etwas Merkwürdiges dar, wenn wir zugleich noch eine oder mehr Gerade durch dieselben ziehen.

§. 84.

Zwei berührende Kreise.

1) Wenn die Mittelpunkte zweier Kreise um die Summe ihrer Halbmesser von einander entfernt stehen, so berühren sich die Kreise von außen in Einem Punkte und nicht in mehren.

Es seien CB, KB (F. 113) die beiden Halbmesser, so haben die Kreise den Punkt B gemein. Sollten die Umkreise noch einen andern Punkt D gemein haben, so müßten CD und KD gleichfalls Halbmesser, folglich CD + KD = CK sein, welches nach § 24, 2 nicht möglich ist.

2) Wenn 2 Kreise einander von außen berühren, so geht die Gerade zwischen ihren Mittelpunkten durch den berührenden Punkt.

3) Wenn die Mittelpunkte zweier Kreise um den Unterschied ihrer Halbmesser von einander entfernt liegen, so berühren die Kreise einander von innen.

Es seien auch hier CB und KB (F. 114) die beiden Halbmesser, so haben beide Kreise den Punkt B gemein. Sollten sie noch einen andern Punkt D des Umkreises gemein haben, so ziehe man CD und KD. Dieses wären nun auch Halbmesser, folglich müßte CD — KD = CK und CD = CK + KD sein, welches nach 24, 2 wieder nicht möglich ist. — Auch hier folgt der umgekehrte Satz wie in 2, welcher also allgemeiner zu fassen ist.

4) Wenn man durch den Berührungspunkt

punkt zweier Kreise eine Gerade zieht, so theilt sie beide in ähnliche Bogen.

Man ziehe (F. 115 und 116) die Gerade durch die Mittelpunkte und durch den berührenden Punkt; ferner die Halbmesser CE, KF. — Die beiden gleichschenkligen Dreiecke CBE und KBF sind ähnlich, weil die Winkel bei B einander gleich sind, (§ 49, 3) die Winkel BCE und BKF sind daher einander gleich, und die Bogen EB und BF ähnlich. (§ 68, 6).

§ 85.

Zwei schneidende Kreise.

1) **Wenn zwei Kreise einander schneiden, so ist die Gerade zwischen ihren Mittelpunkten auf der gemeinschaftlichen Sehne senkrecht, und halbirt sie.**

In F. 117 ist CK auf AB senkrecht, und halbirt sie. Man ziehe als Hülfslinien die Halbmesser nach den Durchschnittspunkten, nämlich CA, CB, KA, KB, so sind die Dreiecke CKA und CKB deckend (§ 30). Im gleichschenkligen Dreiecke ABC sind folglich die Winkel bei C gleich, daher ist CK auf AB senkrecht, und halbirt sie (§ 34, 3).

Unter den besonderen Fällen, welche entstehen, wenn sich 2 Kreise schneiden, verdient der ausgezeichnet zu werden, wenn der Mittelpunkt des einen im Umfange des andern liegt. (F. 118). Der Winkel ACB am Mittelpunkte des einen ist dann zugleich ein Winkel am Umkreise des andern, wird also gemessen durch den ganzen Bogen AeB, und durch den halben Bogen AGdB. Der Bogen AeB enthält daher halb so viel

Grade, mißt einen halb so großen Winkel, als der Bogen AGdB. Dieses giebt uns folgenden Satz:

2) Wenn man aus irgend einem Punkte des Kreisumfanges einen zweiten Kreis schlägt, so mißt der Bogen des letztern Kreises, welcher innerhalb des erstern fällt, einen halb so großen Winkel, als der Bogen des ersten Kreises, welcher außerhalb des zweiten liegt.

3) Zieht man aus dem einen Durchschnittspunkte beider Kreise eine Gerade, welche beide Kreise schneidet, so ist das Stück derselben, welches zwischen beide Umkreise fällt, so groß, als die Sehne zwischen dem Durchschnittspunkte der Geraden mit dem ersten Kreise, und dem andern Durchschnittspunkte beider Kreise.

Es ist zuerst also DE = DB. — Da nämlich ACB = 2 AEB (§ 72, 4) und auch ACB = ADB, (§ 72, 5) so ist ADB = 2 AEB, folglich das Dreieck DBE, welches entsteht, wenn man BE zieht, gleichschenklig, (§ 34, 7) nämlich DE = DB.

Ferner ist zu erweisen, daß de = dB. — Hier ist ACB = 2 (BAe + ABe) (§ 72, 4) = 2 Bed (§ 17, 3). Auch ist derselbe Winkel ACB = AdF, weil beide den Winkel AdB zu 2 Rechten ergänzen (§ 79, 1). Hieraus folgt daß AdF = 2 Bed, und folglich das Dreieck Bed, welches entsteht, wenn man Be zieht, gleichschenklig, nämlich de = dB sei.

4) Denkt man sich, die Gerade AE schwenkte

sich um den Punkt A, bis sie in die Lage AH kommt, so wird der Punkt D gegen A hinrücken, und mit A zusammenfallen, wenn AH eine Tangente an den ersten Kreis geworden. Es ist also AH = AB, d. h. die Tangente an dem ersten Kreis, so weit sie Sehne des zweiten ist, ist der Entfernung der Durchschnittspunkte beider Kreise gleich.

5) Schwenkt sich auf ähnliche Weise die Gerade Ad, bis sie in die Lage AG kommt, so rückt der Punkt e gegen A, und fällt mit A zusammen, wenn AG eine Tangente an den zweiten Kreis geworden. Zieht man nun BG, so ist AG = BG, folglich auch BG eine Tangente an den zweiten Kreis, wie auch leicht erhellet, wenn man CKG zieht. — Die Tangenten des zweiten Kreises an den Durchschnittspunkten beider Kreise schneiden sich also in dem Umfange des ersten, und halbiren den Bogen AGB.

6) Wenn man aus der Mitte C (F. 119) einer Geraden AB einen Halbkreis schlägt, in C das Perpendikel CK = CB auf AB errichtet, und aus K mit dem Halbmesser KA einen Bogen AEB beschreibt, so ist der Halbmond AEBD dem Dreiecke ABK gleich.

Da nämlich die Dreiecke ACK, BCK vermöge der Construktion gleichschenklig rechtwinklige sind, so muß auch ABK gleichschenklig rechtwinklig, (§ 36, 4) und der Bogen AEB ein Quadrant, so wie der Ausschnitt AEBK ein Viertelskreis sein. Es ist aber $AK^2 = AC^2 + CK^2 = 2AC^2$ (§ 64) daher $AK^2 : AC^2 = 2 : 1$, folglich verhält sich auch der Kreis, dessen Halbmesser AK, zu dem Kreise, dessen Halbmesser AC, wie 2 zu 1. (§ 66, 4). Der Viertelskreis AEBK wird daher dem Halbkreise ADB gleich sein müssen. Zieht man nun von beiden das gemeinschaftliche Stück AEBC ab, so muß Gleiches übrig bleiben, d. h. der Halbmond AEBD ist dem Dreieck ABK gleich.

Anhang
enthaltend
einige Erklärungen und Sätze
aus der
Körper-Größenlehre.

Vorbemerkung.

In dem Folgenden sollen blos einige der wichtigsten Erklärungen und Sätze, so weit sie zur Berechnung der einfachsten geometrischen Körper unumgänglich nöthig sind, herausgehoben, und ohne vollständige Begründung zusammengestellt werden. — Es würde daher überflüssig sein, hier mit einer Verbindungslehre (Combination) der Ebenen zu beginnen, und wird hier nur im Allgemeinen bemerkt, daß der Durchschnitt zweier Ebenen, (die Ambe, oder das Gezwei) eine gerade Linie ist, welche in Beziehung auf einen Körper, an welchem sie sich findet, eine Kante genannt wird. Der Durchschnitt dreier Ebenen, welche weder unter sich, noch mit einer g. L. gleichlaufend sind, giebt den Durchschnittspunkt, (das Gedrei, oder die Terne) welcher in Beziehung auf den Körper, an welchem er sich findet, eine Ecke genannt wird. — Jeder der ebenen Winkel, welche mit ihrem Scheitel in der Ecke zusammenstoßen, kann angesehen werden, als eine Verbindung (Combination) von höherm Range, analog der Verknüpfung zur Multiplikation. (§ 54). Man könnte dann in der Verknüpfung fortschreiten, indem man entweder die Zahl der Ebenen selbst, oder die Anzahl der Richtungen, in welchen man Ebenen annimmt, steigen läßt. Ebenen nach 3 Richtungen geben das Spath (Parallelepipedum) u. s. w. *)

86.

Erklärungen und vorläufige Sätze.

1) Eine g. L. kann mit einer Ebene nicht mehr als Einen Punkt gemein haben, wenn sie nicht ganz in derselben liegt.

2) Eine g. L. ist mit einer Ebene gleichlaufend, wenn sie keinen Punkt mit ihr gemein hat.

3) Eine g. L. ist auf einer Ebene senkrecht, wenn sie mit allen in der Ebene gezogenen g. L., mit welchen sie in Berührung kommen kann, rechte Winkel bildet. — So ist ein Loth auf einer ho-

---

*) Der Verf. denkt seine Ansichten hierüber, so wie über die Combinationslehre und Größenlehre überhaupt, in einer besondern Schrift zu entwickeln, welche unter dem Titel: „Bruchstücke zu dem Gebäude der Mathematik" nächstens erscheinen wird.

rizontalen Ebene, die Linie, in welcher 2 Seitenwände des Zimmers zusammenstoßen, auf dem Fußboden oder der Decke senkrecht.

4) Wenn eine g. L. eine Ebene durchschneidet, so heißt der kleinste unter allen Winkeln, den sie mit einer in dieser Ebene gezogenen g. L. bilden kann, der Neigungswinkel der g. L. gegen die Ebene.

5) Wenn zwei Ebenen nicht gleichlaufend sind, so durchschneiden sie sich in einer g. L.

6) Zwei Ebenen sind gleichlaufend, wenn sie sich nirgend durchschneiden. Auch zwei Figuren sind gleichlaufend, wenn sie in gleichlaufenden Ebenen liegen.

7) Wenn zwei Ebenen sich durchschneiden, und man errichtet in jeder derselben aus dem nämlichen Punkte der Durchschnittslinie eine Senkrechte auf die letztere, so ist der Winkel, den beide Senkrechte mit einander bilden, der Neigungswinkel beider Ebenen. — Beisp. Die obern oder untern Ränder zweier Blätter dieses aufgeschlagenen Buchs geben den Neigungswinkel der beiden Blätter an, wenn diese ebene Figuren sind.

8) Eine Ebene ist auf einer andern senkrecht, wenn ihr Neigungswinkel ein Rechter ist. — Beisp. Die Seitenwände des Zimmers sind auf dem Fußboden senkrecht.

9) Wenn 2 Ebenen auf einer dritten senkrecht sind, so ist auch ihre Durchschnittslinie auf derselben senkrecht. — Beisp. Der Falz dieses Buchs,

wenn ich es halb geöffnet mit seinen untern Rändern gegen den Tisch, die Wand, die Schultafel halte. — Der Durchschnitt zweier Wände des Zimmers auf dem Fußboden. — Der Durchschnitt zweier Hauptebenen auf der dritten. (Vorübungen zur Verbindungslehre 2ter Abschnitt § 6).

10) Eine g. L., welche auf Einer von zwei gleichlaufenden Ebenen senkrecht ist, ist auch auf der andern senkrecht. — Beisp. — Ein Loth auf dem Fußboden des Zimmers ist auch senkrecht auf der Decke. — Ein Loth auf dem obern Deckel des Buchs ist auch senkrecht auf dem untern Deckel.

11) Wenn zwei gleichlaufende Ebenen von einer dritten geschnitten werden, so sind die Durchschnitte gleichlaufend. — Beisp. 2 Kanten an den Grundflächen eines Prisma. — Die Durchschnitte einer Seitenwand mit Fußboden und Decke.

12) Die Flächen, welche einen Körper begrenzen, nennt man seine Seitenflächen, welches Wort aber auch zuweilen nur von gewissen Flächen gebraucht wird. — Die Gesammtheit der Seitenflächen heißt die Oberfläche des Körpers.

13) Wenn durch einen Körper eine Fläche gelegt wird, so ist das Stück, welches beide gemein haben, eine Figur, und heißt der Schnitt. Ist die Fläche nun eine ebene, so ist die Figur auch eine ebene, ein ebener Schnitt.

87.

Construktion der Säulen; verschiedene Arten derselben.

1) Wenn sich eine ebene Figur in der Ebene, in welcher sie liegt, fortbewegte, so ist der Raum, den sie durchläuft, wieder eine ebene Fläche. In jedem andern Fall ist er ein Körper.

2) Bewegt sich die ganze Figur (jeder Punkt in derselben) nach einer Richtung, die nicht in ihrer Ebene liegt, aber so, daß sie in jeder Lage derselben gleichlaufend bleibt, so ist der durchlaufene Raum ein Prisma oder eine Säule, und, wenn die Figur eine geradlinige ist, eine Ecksäule. Bei gleicher Fortschreitung wird dieser Raum größer und größer werden, je nachdem der Winkel größer wird, den die Richtung, nach welcher die Figur fortschreitet, mit ihrer Ebene bildet. (§ 86). Er wird am größten sein, wenn dieser Winkel ein Rechter ist. (F. 120. a, b). (Man vergleiche § 57. Das Prisma ist in der Stereometrie das Analoge des Parallelogramms).

3) Die Figur in ihrer anfänglichen und endlichen Lage bildet die Grundflächen der Ecksäule, welche also gleichlaufend sind. Die übrigen Seitenflächen der Ecksäule, welche man immer allein versteht, wenn von Seitenflächen derselben schlechthin die Rede ist, sind spåthige Vierecke.

4) Man benennt die Ecksäule oder das Prisma nach der Anzahl der Seiten der Grundfläche. Eine

Ecksäule, deren Grundfläche ein Dreieck ist, heißt eine Dreiecksäule (dreiseitiges Prisma). Ist die Grundfläche ein Viereck, so heißt sie eine Vierecksäule u. s. w.

5) Eine Ecksäule, deren Grundflächen auch späthige Vierecke sind, könnte man eine späthige Säule, (späthiges Prisma) oder ganz kurz ein Spath (Parallelepipedum) nennen. (F. 121). Sie hat das Eigenthümliche, daß man die Seitenflächen auch als Grundflächen ansehn kann. (Die Analogie mit dem Parallelogramm ist hier also noch vollständiger). — Sind Grundflächen und Seitenflächen Rechtecke, so soll sie eine Rechtecksäule (rechtwinkliges Parallelepipedum — Rechtspath? — Werkstück?) sind es dagegen Rauten, (Rhomben) so soll sie ein Rautenspath (Rhomboeder) heißen.

6) Ein Spath, dessen sämmtliche Seitenflächen Quadrate sind, heißt ein Würfel.

7) Ist die ebene Figur, durch deren Fortbewegung die Säule entstand, ein Kreis, so heißt der Körper ein Cylinder, eine Walze oder Rundsäule. (F. 122). Bei dieser gehen alle Seitenflächen in eine einzige gekrümmte Oberfläche über, in welcher man zwischen den Endpunkten gleichlaufender Durchmesser der Grundflächen g. L. ziehen kann.

8) Die Gerade zwischen den Mittelpunkten der beiden Grundflächen der Rundsäule heißt ihre Axe.

9) Eine Rundsäule heißt eine gerade, wenn die Axe auf der Grundfläche senkrecht ist.

10) Eine gerade Rundsäule läßt sich auch durch die Umschwenkung eines Rechtecks um eine seiner Seiten erzeugen.

88.

Gerade, schiefe Säule; Höhe.

1) Eine Ecksäule heißt eine gerade, wenn die Seitenflächen auf der Grundfläche senkrecht sind, (86, 8 F. 120 b) im Gegentheil eine schiefe (F. 120 a).

2) Eine Rundsäule (Cylinder) ist eine gerade, wenn die Axe auf der Ebene der Grundfläche senkrecht steht, (86, 3. F. 122) im Gegentheil eine schiefe.

3) Unter der Höhe einer Säule versteht man die Länge eines Lothes, welches aus irgend einem Punkte der obern Grundfläche auf die Ebene der untern gefällt worden ist, oder, was dasselbe ist, den Abstand beider Grundflächen.

Grundsatz.

4) Gleichhohe geometrische Körper sind gleich, wenn ihre Grundflächen und alle mit denselben gleichlaufenden Schnitte in gleicher Höhe genommen gleich sind.

89.

Größenverhältnisse der Säulen.

1) **Jeder mit der Grundfläche gleichlaufende Schnitt durch eine Ecksäule oder Rundsäule ist der Grundfläche gleich**, denn es ist ja die erzeugende Grundfläche selbst, in irgend einer der Lagen genommen, in welche sie bei Erzeugung der Säule geführt wurde. (87, 2) Hieraus folgt:

2) **Alle Säulen** (Ecksäulen oder Rundsäulen) **von gleicher Grudfläche und Höhe sind einander gleich** (88, 5 F. 121 — 23). 120 b 122. Es kommt hierbei also gar nicht darauf an, ob die eine eine Dreiecksäule, die andere eine Vierecksäule, die dritte eine Rundsäule ist, sondern nur darauf, daß sie alle gleiche Grundfläche und Höhe haben.

Aus der Art, wie eine Säule durch ihre Grundfläche erzeugt wurde, ist unmittelbar klar, daß sie in demselben Verhältniß wie ihre Höhe wächst. Auch läßt sich dieses aus dem vorstehenden Satze leicht ableiten. Hieraus folgt:

3) **Säulen von gleicher Grundfläche verhalten sich wie ihre Höhen.**

Man kann eine gerade Säule auch ansehen als eine Figur, oder vielmehr als eine Schicht von überall gleicher Dicke. Aus dieser Ansicht ist klar, daß sie in gleichem Verhältniß mit ihrer Grundfläche wachsen muß. — Was aber von der geraden Säule gilt, gilt auch von der schiefen, die mit ihr gleiche Grundfläche und Höhe hat. Es folgt also überhaupt:

4) **Säulen von gleicher Höhe verhalten sich wie ihre Grundflächen.**

Wenn 2 Säulen weder gleiche Grundflächen noch gleiche Höhe haben, so kann man allemahl eine dritte Säule annehmen, welche mit der ersten gleiche Grundfläche, mit der andern gleiche Höhe hat. Die erste verhält sich dann zur dritten, wie ihre Höhen (3), die dritte zur zweiten, wie ihre Grundflächen (4). Hieraus folgt (ganz auf dieselbe Weise, wie §. 54. in Ansehung des Rechtecks).

5) **Säulen sind im zusammengesetzten Verhältnisse ihrer Grundflächen und Höhen.**

6) **Säulen verhalten sich wie die Producte aus Grundfläche und Höhe.**

90.

Ausmessung der Körper, insbesondre der Säulen.

Ein Körper kann nur mit einem andern Körper gemessen werden, indem man untersucht, wievielmal er in demselben enthalten ist. Zum Maaße der Körper hat man die Würfel gewählt, deren Seite eins der bekannten Längenmaaße ist. (Vergl. 56.) Dergleichen sind ein Würfelzoll, Würfelfuß, Würfelruthe, Würfelmeile (Cubikzoll, Cubikfuß etc.) Den so gemessenen körperlichen Raum nennt man auch den Cubischen Inhalt oder Cubikinhalt eines Körpers.

Wollte man nun einen Körper unmittelbar messen, so müßte man eigentlich so viele Würfel in denselben hineinsetzen, als erforderlich sind, um den ganzen Raum desselben auszufüllen. Dieses würde sich aber höchstens bei der Rechtecksäule ausführen lassen. (Zur Versinnlichung bediene man sich eines Kästchens, Schubfachs, oder auch des Zimmers).

Es sei nun die eine Seite (AB, F 1 2 3) der Grundfläche der Rechtecksäule 5 Zoll lang, so werden wir längs dieser Kante 5 Würfelzolle aneinander legen können, welche zusammen eine Reihe bilden. Beträgt die anstoßende Seite (B C) der Grundfläche der Rechtecksäule 4 Zoll, so werden 4 solcher Reihen neben einander auf dem Boden der Rechtecksäule Platz finden. Diese bilden zusammen ein Schicht, welche 4 . 5 Würfel enthält, und 1 Zoll hoch ist. Ist endlich die Höhe der Rechtecksäule (B D) 3 Zoll, so ist klar, daß 3 Schichten dazu gehören, um den Raum derselben auszufüllen. Sie wird also überhaupt 3 . 4 . 5 = 60 Würfel enthalten, und man findet diesen cubischen Inhalt, wenn man erst die Grundfläche nach §. 56, berechnet, und diese dann mit der Höhe multiplicirt. *)

Jede andre Säule ist aber einer Rechtecksäule von gleicher Grundfläche und Höhe gleich (89, 2). Ihr Cubikinhalt wird daher gefunden, wenn man (nach 56) den Quadratinhalt der Grundfläche sucht, und diesen dann mit der Höhe multiplicirt.

1) **Um den Cubikinhalt einer Säule zu finden, muß man den Quadratinhalt der Grundfläche mit der Höhe multipliciren.** Bei Ausmessung zur Berechnung der Grundfläche und bei Ausmessung der Höhe muß man sich aber desselben Längenmaaßes bedienen. Die gefundene Zahl giebt den Inhalt in Würfeln, deren Seite das gebrauchte Längenmaaß ist.

Der Satz läßt sich auch aus 89, 6 leicht herleiten. Der Würfel, mit dem man eine Säule ausmißt, ist selbst auch eine Säule, und zwar eine solche, bei welcher Grundfläche und Höhe, also auch das Produkt aus beiden 1 ist. Das Produkt aus Grundfläche und Höhe der andern Säule giebt dann also das Verhältniß derselben zum Würfel = 1 an, d. h. es zeigt an, wieviel Würfel sie enthält.

2) **Würfel verhalten sich (nach 1) wie die Quadratzahlen ihrer Seiten mit den**

---

*) Vergleiche die Anm. zu § 54. Die Rechtecksäule ist das geometrische Produkt dreier Factoren.

Seiten selbst multiplizirt, d. h. wie die Cubikzahlen derselben.

Wenn 1 Fuß also 12 Zoll enthält, so enthält 1 Cubikfuß 12 . 12 . 12 = 1728 Cubikzoll.

91.

Construktion der Spitzsäule.

1) Man stelle sich vor, daß eine Figur sich aus einem Punkte so, wie § 46 gelehrt ist, entwickele. (Man vergleiche auch § 62 und 63). Zur Erleichterung des Ausdrucks nehmen wir an, die Figur sei stets wagrecht. Indem sich die Figur nun entwickelt, rücke sie zugleich, stets wagrecht bleibend, nach einer Richtung vor, die nicht in ihrer Ebene liegt, und zwar so, daß ihre Seiten stets in derselben Ebene bleiben, die Winkelpunkte folglich in gerader Linie fortschreiten. (F. 124). Die Figur wird hierbei ihrer Form nach dieselbe bleiben, aber an Größe wachsen, und die Zunahme der Größe der Seiten wird mit der Weite des Fortrückens in einem beständigen Verhältniß stehen. Wird die Construktion nun irgendwo gehemmt, so hat man einen Körper, welcher von der Figur als Grundfläche und, falls diese kein Kreis ist, lauter Dreiecken als Seitenflächen begrenzt ist, und eine Spitzsäule heißt.

2) Da das wagrechte Fortrücken der Figur (nach 87, 1) keinen körperlichen Raum construirt, sondern nur das senkrechte, so ist klar, daß der

Cu=

Cubikinhalt der Spitzsäule nur abhängig ist von der endlichen Größe der Figur, d. h. von der Grundfläche, und von dem senkrechten Fortrücken derselben, d. h. von der **Höhe**, unter welcher man das Loth aus dem anfänglichen Punkte, der **Spitze** auf die Grundfläche versteht. **Spitzsäulen von gleicher Grundfläche und Höhe sind daher an Raumesinhalt gleich.**

3) Dasselbe Resultat läßt sich auch durch die entgegengesetzte Construktion gewinnen. Man stelle sich mehre gleiche Figuren in derselben wagrechten Ebene vor, (F. 124. — 26) lasse sie sich, stets wagrecht bleibend, aufwärts bewegen, und zwar so, daß jede Seite, bei Kreisen jeder Halbmesser in derselben Ebene, und jeder Endpunkt in derselben g. L. bleibt, bis die Figuren verschwinden, so wird der construirte Raum eine Spitzsäule sein.

4) Sind nicht nur die Grundflächen gleich, sondern verschwinden dieselben auch in gleicher Höhe, so übersieht man schon, daß die wagrechten Durchschnitte von der Grundfläche bis zur Spitze in allen Spitzsäulen gleichmäßig abnehmen, folglich in gleicher Höhe gleich sein müssen, woraus wieder die Gleichheit (nach 88, 5) folgt.

5) Da die construirende Figur nach 2 Dimensionen (Länge und Breite) während ihres Fortschreitens abnimmt, so könnte dieses gleich auf die Vermuthung führen, daß die Spitzsäule der dritte Theil einer Ecksäule von gleicher Grundfläche und Höhe sei, läßt sich aber so doch nicht mit Sicher-

heit übersehen. (Man vergleiche § 57. Die Spitzsäule ist dem Dreieck der Planimetrieanalog).

92.

Eintheilung der Spitzsäulen.

1) Die Oberfläche der Spitzsäule läßt sich noch auf folgende Weise construiren. Man stelle sich eine ebene Figur, und außerhalb der Ebene derselben irgendwo einen Punkt vor. Denkt man sich nun in diesem Punkte eine g. L. befestigt, und führt diese an dem Umfange der Figur herum, so wird der Raum, welcher von jener Figur, als Grundfläche, und den durch die Bewegung dieser Linie entstandenen Flächen, als Seitenflächen, eingeschlossen wird, eine Spitzsäule. Ist die Figur eine geradlinige, so heißt die Spitzsäule auch eine **Pyramide**, ist sie ein Kreis, ein **Kegel**.

2) Die Pyramiden werden, nach der Zahl der Seiten der Grundfläche, dreiseitige, einseitige etc. genannt. Die dreiseitigen haben das Eigenthümliche, daß man auch eine jede der Seitenflächen als Grundfläche ansehn kann; die Analogie mit den Dreiecken der Planimetrie ist daher hier am vollständigsten.

3) Die Seitenflächen der Spitzsäulen sind Dreiecke, wenn die Grundfläche eine geradlinige ist. Sie gehen insgesammt in eine einzige gekrümmte Fläche über, wenn die Grundfläche ein Kreis wird, in welcher man von der Spitze aus

nach jedem Punkte derselben g. L. ziehen kann, welche ganz in die Fläche fallen.

4) Die g. L. aus der Spitze des Kegels durch den Mittelpunkt der Grundfläche oder eines parallelen Schnitts, heißt die Axe desselben, und der Kegel selbst ein gerader, wenn die Axe auf der Grundfläche senkrecht ist.

5) Ein gerader Kegel läßt sich auch durch die Umschwenkung eines rechtwinkligen Dreiecks um eine seiner Katheten erzeugen.

93.

Größenverhältnisse der Spitzsäulen.

Eine Dreiecksäule läßt sich in 3 Spitzsäulen zerschneiden. Es sei ABCDEF, (F. 127) die Dreiecksäule. Man setze einen ebenen Schnitt in die eine Kante BC der Grundfläche ein, und führe ihn in die dieser Kante gegenüberstehende Ecke D. Es wird dadurch die erste dreiseitige Pyramide ABCD abgehoben, welche die eine Grundfläche der Dreiecksäule ABC als Grundfläche behält, und, da D in der andern Grundfläche der Dreiecksäule liegt, auch die nämliche Höhe hat. — Das von der Dreiecksäule noch übrig bleibende Stück BCDEF (F. 128) hat nun eine keilförmige Gestalt. Man setze einen zweiten ebenen Schnitt in eine von den Kanten der andern Grundfläche ein, welche den noch vorhandenen Ecken (B und C) der ersten Grundfläche gegenüber stehen, (also in DE oder DF, nicht in EF; hier ist es in DE geschehen) und führe ihn bis zu dieser, in C, so wird dadurch eine zweite Pyramide, DEFC, abgehoben welche mit der Dreiecksäule gleichfalls gleiche Grundfläche und Höhe hat, und es bleibt der Doppelkeil BCED (F. 129) übrig, welcher auch eine dreiseitige Pyramide ist. Um diese dritte Pyramide mit der zuletzt abgehobenen zu vergleichen, erinnern wir uns, daß man bei dreiseitigen Pyramiden jede beliebige Seitenfläche als Grundfläche ansehen kann. Es sei demnach BCE die Grundfläche der dritten, und FEC die Grundfläche der zweiten. Man lege beide auf ihren Grundflächen so aneinander, wie sie vor der Trennung (F. 128) lagen. Alsdann ist zu nächst klar, daß beide gleiche Grundflächen haben, oder daß BCE = FEC, (§ 60) und, da ihre Spitzen in den nämlichen Punkt D fallen, so haben sie auch gleiche Höhe, sind folglich nach 91 gleich. Da das Nämliche auch in Beziehung auf die erste und dritte Pyramide gilt, so sind auch diese, folglich alle 3 gleich, und jede der dritte Theil der Dreiecksäule. Die Pyramide ABCD, welche mit der Dreiecksäule gleiche Grundfläche und Höhe hat, ist daher der dritte Theil derselben.

Da nun überhaupt Säulen von gleicher Grundfläche und Höhe einander gleich sind, und von Spitzsäulen das Nämliche gilt, so folgt allgemein:

1) **Eine Spitzsäule ist der dritte Theil einer vollständigen Säule, mit welcher**

sie gleiche Grundfläche und Höhe hat. — Dieser Satz begreift auch den folgenden unter sich:

2) Ein Kegel ist der dritte Theil einer Walze von gleicher Grundfläche und Höhe.

Da die Drittel sich nun eben so verhalten wie die Ganzen (Vorüb. § 16) so hat man folgende Sätze:

3) Spitzsäulen von gleicher Grundfläche verhalten sich wie ihre Höhen. (89, 3).

4) Spitzsäulen von gleicher Höhe verhalten sich wie ihre Grundflächen. (89, 4).

5) Spitzsäulen sind im zusammengesetzten Verhältniß ihrer Grundflächen und Höhen. (89, 5).

6) Spitzsäulen verhalten sich wie die Produkte aus Grundfläche und Höhe. (89, 6).

7) Den cubischen Inhalt einer Spitzsäule findet man, wenn man die Grundfläche mit der Höhe multiplizirt, (in dem Sinne von § 90) und von dem Produkte das Drittel nimmt.

94.

Construktion der Kugel.

Wenn sich ein Halbkreis ACBD um seinen festen Durchmesser AB (F. 130) schwenkt, bis er wieder in seine vorige Lage gekommen ist, so ist der Raum, welchen er bei der Umschwenkung construirt, eine Kugel. Aus dieser Construktion und aus der Construktion des Kreises (§ 67) ergiebt sich sogleich, daß alle Punkte in der Oberfläche der Kugel von dem unverrückt gebliebenen Mittelpunkte des Halbkreises, welcher nun der Mittelpunkt der Kugel geworden ist, gleich weit entfernt sein müssen. — Man nennt aber die Strecke von einem Punkte der Oberfläche bis zum Mittelpunkte auch bei der Kugel einen Halbmesser, und eine Gerade zwischen 2 Punkten der Oberfläche, welche durch den Mittelpunkt geht, einen Durchmesser der Kugel.

1) Alle Halbmesser und alle Durchmesser einer Kugel sind einander gleich.

2) Durch den Halbmesser oder Durchmesser ist eine Kugel völlig bestimmt.

3) Jeder ebene Schnitt durch den Mittelpunkt der Kugel ist ein Kreis, dessen Halbmesser dem Halbmesser des erzeugenden Halbkreises gleich ist. Man nennt ihn einen größten Kreis der Kugel.

Denkt man sich auf dem Durchmesser des erzeugenden Halbkreises mehre Perpendikel gefällt, so bilden diese bei der Umschwenkung auch Kreise, welche auf dem festen Durchmesser senkrecht sind, von ihm in ihrem Mittelpunkte getroffen worden, und sich um so mehr verkleinern, je weiter sie von Mittelpunkte entfernt liegen. Der Halbmesser

CD selbst bildet den größten Kreis, und, da die Quadranten ACD und BCD congruent sind, und sich auf gleiche Weise schwenken, so sind die beiden Theile gleich, in welche die Kugel durch den größten Kreis den CD beschreibt getheilt wird. — Wenn man das System von Kreisen, wie es hier beschrieben ist, und wie es F. 131 darstellt betrachtet, so nennt man AB die Axe derselben; sie selbst aber Parallelkreise, und den größten ED auch wohl den Aequator.

95.

Cubik-Inhalt der Kugel. *)

Die Halbkugel AECD (F. 132) sei durch Schwenkung des Quadranten ACD um seine feste Axe AC entstanden.

In dem Quadrate KLNU sei die Seite KL oder KU dem Halbmesser CD der Halbkugel gleich, und werde hier mit r bezeichnet. Man ziehe seine Diagonale KN, und lasse es sich um die feste Axe KL schwenken. Ich behaupte, daß das Dreieck KUN bei seiner Umschwenkung eben so viel Raum construirt, als der Quadrant.

Das Quadrat KLNU construirt bei seiner Umschwenkung eine Rundsäule; das Dreieck KLN

*) Eine Construktion, aus welcher sich das Verhältniß der Kugel zu den abgehandelten geometrischen Körpern unmittelbar übersehen ließe, ist mir nicht bekannt, und ich sehe mich daher genöthigt, um einen Hauptlehrsatz doch nicht ohne allen Beweis stehen zu lassen, den gewöhnlichen Beweis hier aufzunehmen.

einen Kegel. Nimmt man den letztern weg, so bleibt der von dem Dreieck KUN construirte Körper übrig, welcher mit der Halbkugel gleiche Grundfläche und Höhe hat, und den wir eine ausgebohrte Rundsäule nennen wollen.

Ließe sich nun erweisen, daß die mit der Grundfläche gleichlaufenden Durchschnitte in gleicher Höhe genommen gleich sind, so würde nach 88, 5 die Behauptung erwiesen sein.

Man nehme daher die Höhen KS = CG = h und lege durch S und G mit den Grundflächen gleichlaufende Ebenen. Diese Schnitte werden dieselben sein, welche bei der Umschwenkung von den auf der Axe senkrechten SP und GI construirt sind, folglich Kreise.

Nun ist die Oberfläche des Kreises HI = $GI^2\pi$. (§ 81. Anm.) Es ist aber GI die Kathete eines rechtwinkligen Dreiecks, dessen Hypotenuse CI = r = dem Halbmesser der Kugel, und dessen andre Kathete CG = h. Man hat also (64) $GI^2 = r^2 - h^2$ daher den Kreis AI = $r^2\pi - h^2\pi$.

Der Durchschnitt OP ist auch ein Kreis, dessen Halbmesser SP = r seine Oberfläche also $r^2\pi$ ist. Dieser Kreis ist nun ein Durchschnitt der vollen Rundsäule; wir suchen aber nur den Durchschnitt der ausgebohrten, und diesem fehlt, der von dem Halbmesser SR construirte Kreis, als Durchschnitt des herausgehobenen Kegels, dessen Oberfläche = $SR^2\pi$. Nun ist das Dreieck KLN gleichschenklig rechtwinklig, folglich auch das ihm ähnliche KSR, und es ist folglich KS = SR = h. Statt $SR^2\pi$ kann man daher setzen $h^2\pi$. Zieht man nun den so ausgedrückten Durchschnitt des Kegels von dem Durchschnitt der vollen Rundsäule ab, so hat man den Durchschnitt der ausgebohrten Rundsäule $= r^2\pi - h^2\pi$. Eben so groß war auch der Durchschnitt durch die Halbkugel.

Da sich dasselbe nun für jede zwei in gleicher Höhe genommenen Durchschnitte erweisen läßt, so ist dadurch die obige Behauptung erwiesen; die Halbkugel ist folglich der ausgebohrten Rundsäule an Raumesinhalt gleich.

Da der aus der Rundsäule herausgehobene Kegel mit dieser gleiche Grundfläche und Höhe hat, so beträgt er $\frac{1}{3}$ der Rundsäule, (94, 2) der Ueberrest, die ausgebohrte Rundsäule, enthält folglich noch $\frac{2}{3}$ der ganzen. Man kann daher die oben erwiesene Behauptung auch so ausdrücken:

1) Eine Halbkugel ist $\frac{2}{3}$ einer Rundsäule von gleicher Grundfläche und Höhe. — Hieraus folgt:

2) Eine Kugel ist $\frac{2}{3}$ einer Rundsäule, deren Grundfläche dem größten Kreise, und deren Höhe dem Durchmesser der Kugel gleich ist.

3) Ein Kegel, der mit der Rundsäule gleiche Grundfläche und Höhe hätte, würde $\frac{1}{3}$ derselben betragen, folglich halb so groß als die Kugel sein.

Kegel, Kugel und Rundsäule verhalten sich daher wie die Zahlen 1, 2, 3, wenn die Grundfläche des Kegels und der Rundsäule dem größten Kreise, und ihre Höhe dem Durchmesser der Kugel gleich ist.

Gedruckt, bei C. A Platen.

Verbesserungen.

Im 1sten Theil.

Seite XII. Zeile 6. für eine, lies ebene.
— 68. — 11. f. dritte, l. vierte.
— 115. — 11. f. eines Winkels, l. um einen Winkel.
— 145. — 12, 13, 14, am Ende, f. 6. 9. 12. l. 7. 10. 13.
— 169. — 9. f. ab, l. bc.
— 175. — 4. f. Stöck, l. Stück.

Im 2ten Theil.

Seite 6. Zeile 19. für Worte, lies Wörter.
— 9. — 3. f. ließt, l. lies't.
— „ — 5. bis 10. sind in Zeile 11. bis 16. aus Versehen wiederholt.
— 12. — 14. f. F. 2. l. F. 3.
— 19. — 1. von unten f. 2. 3. ab, l. 2 . 3 ab.
— 21. — 7. f. andere, l. andern.
— „ — 17. f. dem, l. den.
— 23. — 13. f. den, l. dem.
— 24. — 3. v. u. f. dritte, l. vierte.
— 34. — 3. f. könne, l. können.
— 35. — 4. f dieser, l. in dieser.
— 36. — 19. — 21. die Anm. gehört zum 1sten Abschnitt dieses §. und sollte unter dem Text stehen.
— 37. — 20. f. Theilfund, l. Theilers.

S. 41. Z. 10. f. unter, l. über.
— 45. — 1. v. u. f. erst, l. erste.
— 46. — 6. f. der, l. des.
— 48. — 4. v. u. f. §. 14. und 1. und 6. l. §. 14. nr 1. bis 6.
— 49. — 14. f. gleichermal, l. gleichvielmal.
— 49. — 15. f. Hierzu, l. Hieraus.
— 52. — 5. v. u. f. gleichzählig, l. gleichzahlig.
— 53. — 10. f. dann, l. denn.
— 54. — 14. und 15. f. —, l. =
— 61. — 1. f. Eben, l. Ebene.
— „ — 6. v. u. f. erlernen, l. erkennen.
— 62. — 9. v. u. f. Töpfel, l. Tüpfel.
— 68. — 10. f. den, l. die.
— 71. — 8. v. u. f. wahren, l. mehren.
— 72. — 2. v. u. f. Ein gerade, l. Ein rechtsgerichteter und ein gerade.
— 75. — 8. v. u. f. Winkel, l. Viertel.
— „ — 4. v. u. f. seine, l. seinen.
— 77. — 6. f. letzterer, l. letztere.
— 78. — 6. v. u. f. jenen, l. jener.
— 82. — 14. f. $\frac{5}{4}$, l. $\frac{5}{3}$.
— 86. — 17. f. T = J, l. x = z.
— 87. — 8. v. u. f. z c, l. z; c.
— „ — 6. v. u. f. nach F. 1. l. nach nr. 1.
— 93. — 13. und 14. f. J, l. z.
— 99. — 12. v. u. f. F. 21, l. F. 21.*
— „ — 10. v. u. f. e. 6, l. nr. 6.
— 101. — 6. und 4. v. u. so wie auf der folgenden Seite lies überall s statt 5. Der nämliche Druckfehler kommt S. 105. noch zweimal vor.
— 109. — 2. v. u. f. c b, l. c + b.
— 125. — 16. f. jedem, l. jeden.
— 128. — 6. f. cd, l. ad.
— 129. — 14. hinter be ergänze: (F. 30.)
— 141. — 10. v. u. f. größer, l. kleiner.
— 153. — 15. f. Rechtwinkliche, l. Rechtwinklige.
— „ — 21. f. länglige, l. längliche.
— 162. — 7. f. überschritten, l. überschrieben.

S. 175. Z. 13. v. u. f. Ziehung, l. Zeichnung.
— 176. — 17. f. Hierauf, l. Hierdurch.
— 177. — 6. am Ende f. b, l. d.
— 181. — 7. v. u. f. ac : AC = bc : AC, l. ac : AC = bc : BC.
— 183. — 1. f. Seiten, l. Charten.
— 192. — 8. f. Dictiren, l. Doctren.
— 198. — 14. f. dem=, l. den=
— 200. — 4. f. Quadratlineale, l. Quadratlinie.
— 204. — 6. f. dieses, l. diesen.
— 205. — 6. f. innerhalb, l. immer halb.
— „ — 11. v. u. f. jeder, l. jede.
— 211. — 16. f. Spitzen, l. Stiften.
— 220. — 3. hinter: ihrem, ergänze: kleinsten.
— 224. — 3. v. u. f. abml, l. abmi.
— 227. — 1. v. u. f. dürften, l. dürfen
— 232. — 13. f. 8, l. 88.
— 234. — 9. v. u. f. jedem, l. jenem.
— „ — 7. v. u. f. ns, l. n. 2.
— 240. — 5. v. u. f. B, l. A.
— 244. — 7. v. u. f. DAB, l. EAB.
— 245. — 5. v. u. f ADH, l. ADB.
— 25 . — 8. v. u. f. ihre, l. ihrem.
— 257. — 2. v. u. f. GBF, l. GBT.
— 261. — 1. f. Geraden, l. Halbmesser.
— 264. — 3. v. o. u. Z. 2. v. u. f. Coulonsche, l. Ceulensche.
— 270. — 6. v. u. streiche x.

Verbesserungen auf den Kupfertafeln.

Tafel. II. F. 60. ziehe von M und m die Perpendikel auf AB und ab, und schreibe an die Punkte, wo sie die Seiten treffen, R und r.

Taf. IV. F. 95. ziehe DA.
F. 107. ziehe BG || DF, ferner CB, CF, DF.

Taf. V. F. 117. fehlen die Buchstaben C, K an den beiden Mittelpunkten, A, B an den Durchschnittspunkten beider Kreise; auch fehlt die g. L. AB.

Inhalts-Verzeichniß.

Nachricht für den Buchbinder.

Die Kupfertafeln werden zum Hinausschlagen gebunden, und nur einmal, nämlich da, wo auf denselben das Zeichen V steht, rückwärts gebrochen, so daß der Bruch durch keine Figur geht. Sie müssen an das leere Blatt so angehangen werden, daß. wenn man eine Figur auf der linken Hälfte der Tafel gebraucht, kein Theil derselben durch die Blätter des Buchs verdeckt ist; die rechte Hälfte wird dann untergeschlagen. — Damit man die rechte Hälfte der Tafel eben so bequem gebrauchen könne, muß das leere Blatt in der Mitte rückwärts gefalzt werden, so daß die linke Hälfte der Tafel mit eingeschlagen werden kann, und nur die rechte Hälfte vorsteht. Von diesem Falze wird beim Einlegen der Tafel aber kein Gebrauch gemacht.

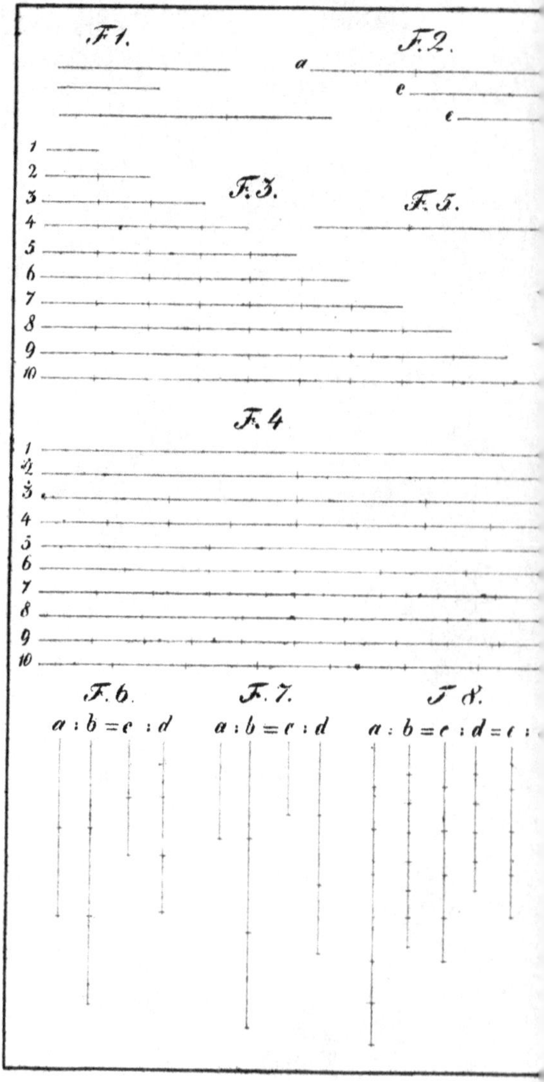
F.1.
F.2.
a
e
e
F.3.
F.5.
F.4
F.6.
a : b = c : d
F.7.
a : b = c : d
F.8.
a : b = c : d = c :

TAF. I.

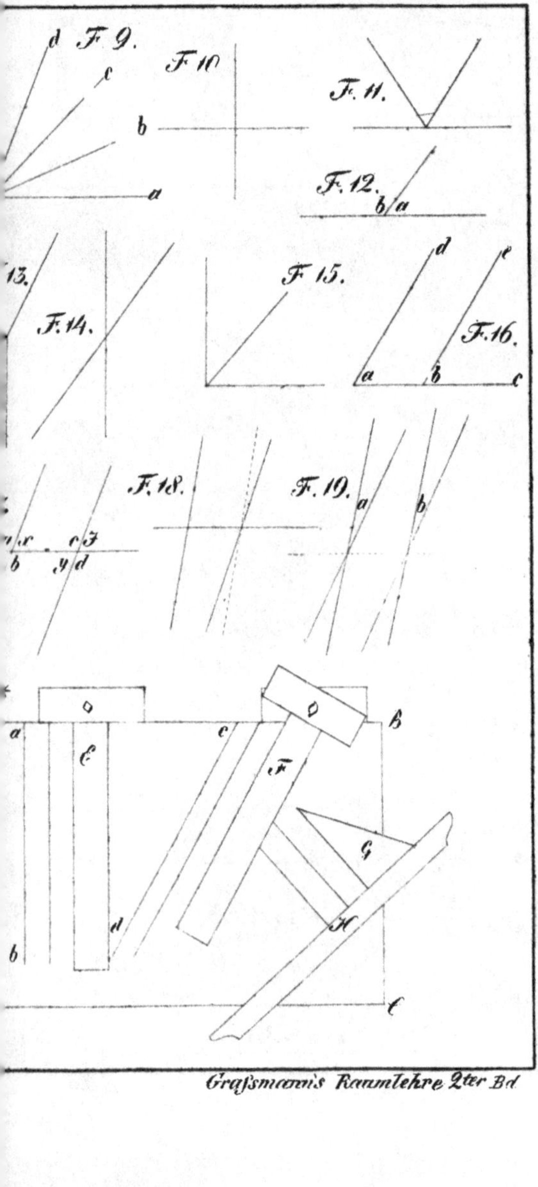

Graſsmann's Raumlehre 2ter Bd

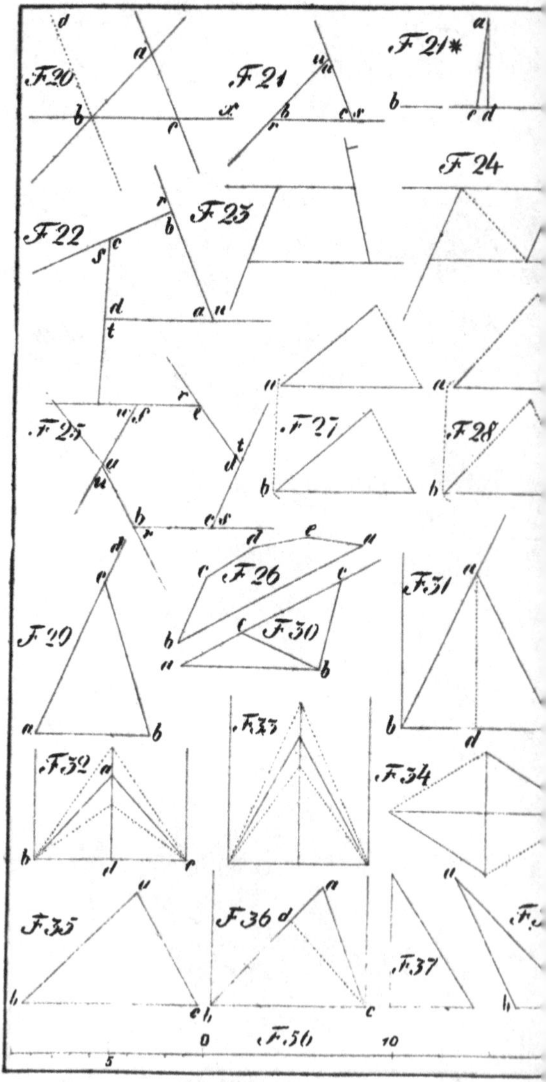

F 20
F 21
F 21*
F 22
F 23
F 24
F 25
F 26
F 27
F 28
F 29
F 30
F 31
F 32
F 33
F 34
F 35
F 36
F 37
F 50
0
5
10

TAF. II.

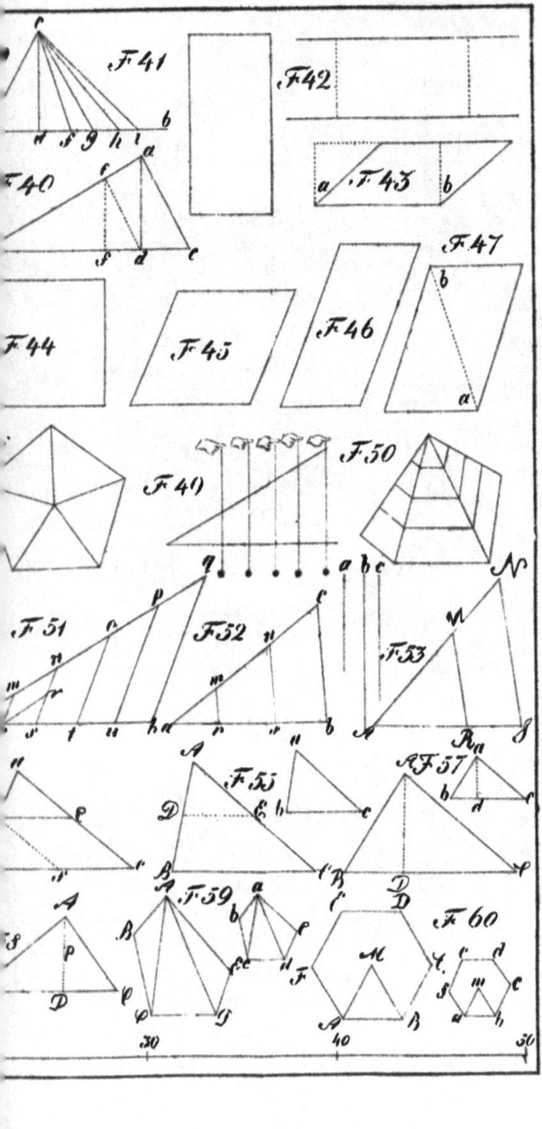

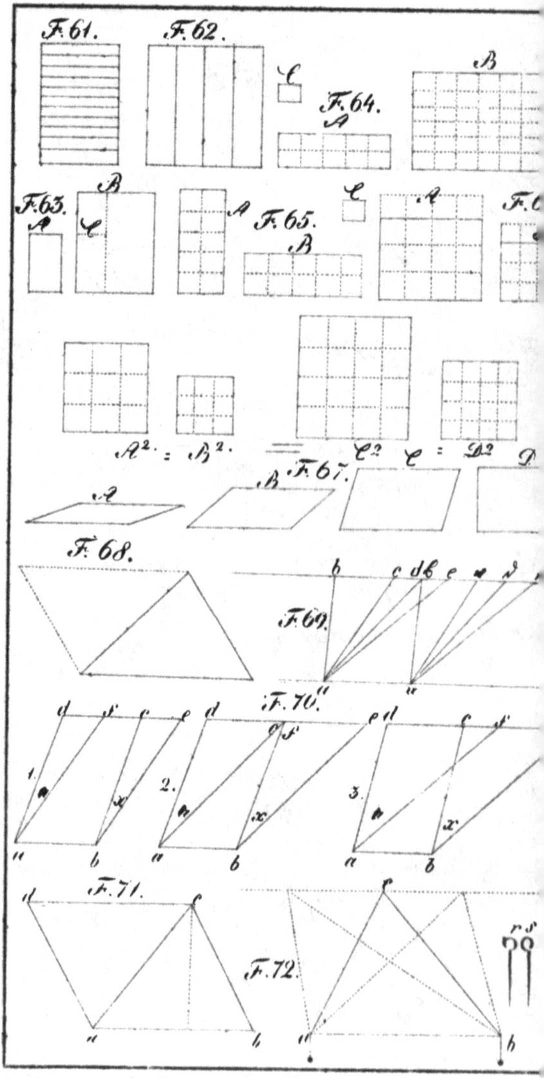
F. 61.
F. 62.
F. 63.
F. 64.
F. 65.
F. 67.
F. 68.
F. 69.
F. 70.
F. 71.
F. 72.
A² = B².
C² C = D²

TAF. III.

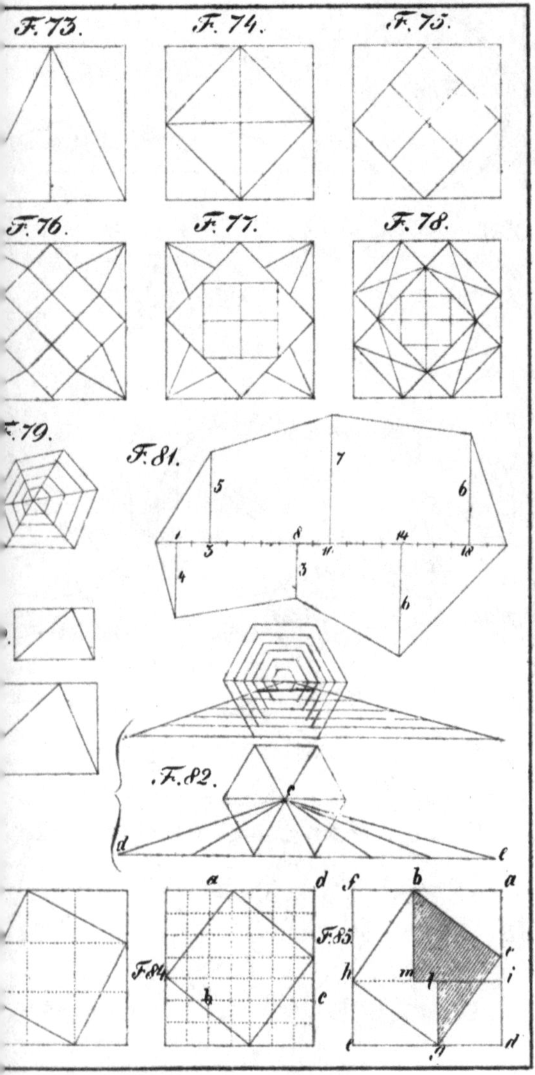

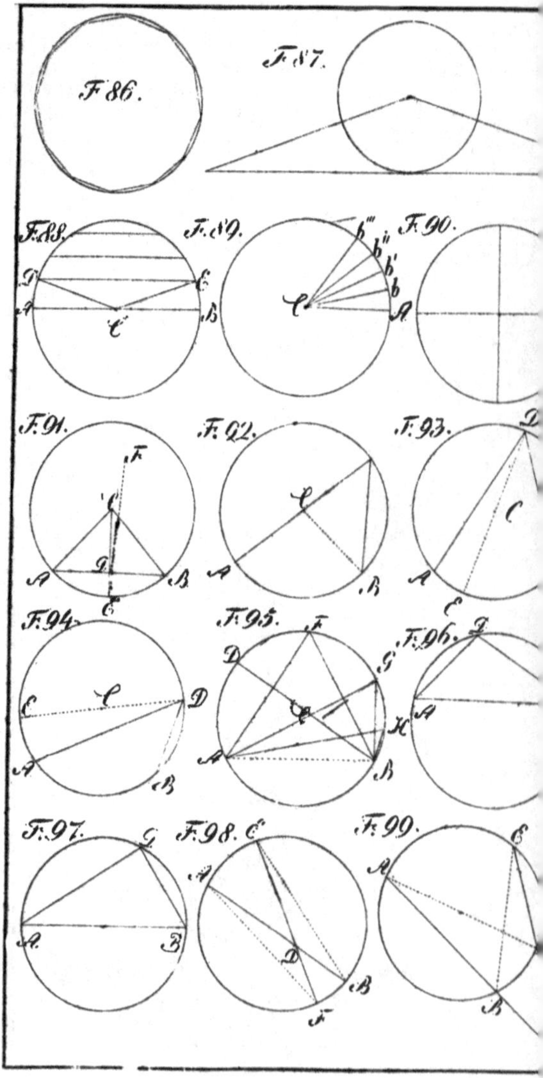
F. 86.
F. 87.
F. 88.
F. 89.
F. 90.
F. 91.
F. 92.
F. 93.
F. 94.
F. 95.
F. 96.
F. 97.
F. 98.
F. 99.

TAF. IV

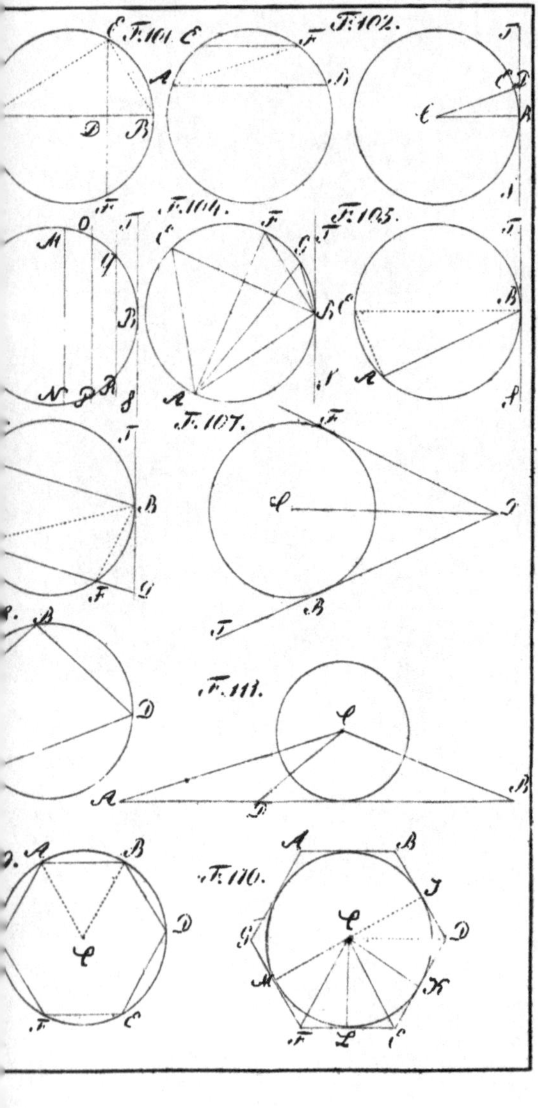

FSC
www.fsc.org
MIX
Papier | Fördert
gute Waldnutzung
FSC® C083411

Zeitfracht Medien GmbH
Ferdinand-Jühlke-Straße 7
99095 Erfurt, Deutschland
produktsicherheit@kolibri360.de